业扩报装

实训指导书

国网湖北省电力公司营销部　组　编
张运贵　主　编
刘　慧　沈　鸿　侯淞学　副主编

中国电力出版社
CHINA ELECTRIC POWER PRESS

内 容 提 要

本书是与《业扩报装作业规范与服务技巧》相配套的辅助教材。编写的过程中，以《业扩报装作业规范与服务技巧》为主线，主要内容包括业扩报装基础知识、业扩报装标准流程、业扩报装作业规范、业扩报装风险方案等。实训步骤与业扩报装规范流程相符，分为业务受理员实训指导和客户经理实训指导两部分，每部分分为初级、中级、高级三种类别，共74个实训项目。

本书可作为电力营销业扩报装专业的实训教材，也可作为电力营销业扩报装人员职业技能鉴定参考用书。

图书在版编目（CIP）数据

业扩报装实训指导书/张运贵主编；国网湖北省电力公司营销部组编. —北京：中国电力出版社，2015.11（2020.1重印）
ISBN 978-7-5123-8435-4

Ⅰ.①业… Ⅱ.①张…②国… Ⅲ.①用电管理
Ⅳ.①TM92

中国版本图书馆CIP数据核字（2015）第243257号

中国电力出版社出版、发行
（北京市东城区北京站西街19号 100005 http://www.cepp.sgcc.com.cn）
北京天宇星印刷厂印刷
各地新华书店经售
*
2015年11月第一版 2020年1月北京第三次印刷
787毫米×1092毫米 16开本 13.75印张 302千字
印数4501—5500册 定价**39.00**元

《业扩报装实训指导书》

编审委员会

主　　审　舒旭辉

主　　编　张运贵

副 主 编　刘　慧　沈　鸿　侯淞学

编审人员　李劲松　向保林　黄民发　田晓霞
向　阳　王宏兵　郭　瑜　彭鄂晋
秦民安　王世云　李晓邱　阮　儆
吕万丰　张　巍　常　洋　董怡浪
成　亮　朱　旌　张明铭　李祥生
李想想　王　雪　明　裕
（排名不分先后）

前　言

本书是与《业扩报装作业规范与服务技巧》相配套的辅助教材。实训内容以《业扩报装作业规范与服务技巧》为主线，实训步骤以业扩报装规范流程为基础，重视业扩报装基础知识、业扩报装标准流程、业扩报装作业规范、业扩报装风险方案等技能的培养。本书分为业务受理员实训指导和客户经理实训指导两部分，每部分分为初级、中级、高级三种类别，共74个实训项目，每个实训项目中配有实训任务书，让培训老师和学员明确该实训任务的基本内容及要求；配有实训考核评分标准，让培训老师合理进行评分，从而对学员实训质量进行量化管理；还配有实训所需各种表单等，让学员从实际工作出发，提升学员业扩报装规范操作技能。

本书可作为电力营销业扩报装专业的实训教材或参考书，也可作为电力营销业扩报装人员职业技能鉴定参考用书。

本书由国网湖北省电力公司营销部组编，主编为张运贵，副主编为刘慧、沈鸿、侯淞学。具体编写分工如下：业务受理员实训指导部分由国网湖北省电力公司营销部张运贵、刘慧、国网湖北省客服中心田晓霞、国网武汉供电公司向阳、国网荆州供电公司郭瑜、国网荆门供电公司彭鄂晋、国网宜昌供电公司王宏兵、国网恩施供电公司秦明安、王世云、国网襄阳供电公司李晓邱、武汉电力职业技术学院侯淞学、向保林、黄民发编写、审核；客户经理实训指导部分由国网宜昌供电公司阮徽、吕万丰、常洋、国网武汉供电公司董怡浪、成亮、朱旌、张明铭、国网荆门供电公司李祥生、国网荆州供电公司李想想、武汉电力职业技术学院沈鸿、王雪编写、审核。本实训指导书在编写过程中参考了大量的文献，在此向这些文献的作者表示感谢。

由于本书编者学识水平和实践经验有限，难免会出现疏漏和错误的地方，恳请学员和读者批评指正。

编　者

2015年10月

前言

目录

第二部分　客户经理实训指导

第一部分

业务受理员实训指导

第一篇　业务受理员实训指导（初级）

实训情境一　业扩报装基础知识

任务一　低压新装（增容）报装流程与时限

一、实训任务书

项目名称	低压新装（增容）报装流程与时限
实训内容	课时：2学时。 内容：①低压居民新装（增容）报装流程；②低压非居民新装（增容）报装流程；③低压居民新装（增容）报装流程时限要求；④低压非居民新装（增容）报装流程时限要求
基本要求	（1）低压居民新装（增容）报装流程：低压居民新装（增容）业务实行勘查装表“一岗制”作业，具备直接装表条件的，勘查确定供电方案后当场装表接电；不具备直接装表条件的，现场勘查时答复供电方案，由勘查人员同步提供设计简图和施工要求，根据与客户约定时间或电网配套工程竣工当日装表接电。 （2）低压非居民新装（增容）报装流程：对于无电网配套工程的，在正式受理申请后，现场勘查时答复供电方案，同时完成供用电合同拟定、装表、送电工作。对于有电网配套工程的客户，在供电方案答复后，完成电网配套工程建设，工程完工当日送电。 （3）低压居民新装（增容）报装流程时限要求。 1）对于具备直接装表条件的，2个工作日完成送电工作； 2）对于有电网配套工程的居民客户，在供电方案答复后，3个工作日内完成电网配套工程建设，工程完工当日送电。 （4）低压非居民新装（增容）报装流程时限要求。 1）对于有电网配套工程的客户，在供电方案答复后，5个工作日完成电网配套工程建设，工程完工当日送电； 2）对于无电网配套工程的，在受理申请后，3个工作日内送电
工器具材料准备	桌椅
学员准备及场地布置	（1）学员自备一套工装。 （2）学员独立完成
目标	熟练掌握低压新装（增容）报装流程与时限相关要求

二、实训考核评分标准

姓名		工作单位		供电公司	供电所	成绩	
考核时间		时间记录	开始时间	时　分	结束时间	时　分	
项目名称	低压新装（增容）报装流程与时限						
考核任务	①低压居民新装（增容）报装流程；②低压非居民新装（增容）报装流程；③低压居民新装（增容）报装流程时限要求；④低压非居民新装（增容）报装流程时限要求						
项目		考核内容	考核要求	配分	评分标准	扣分	得分
低压居民	1.1	具备装表条件	掌握低压居民新装（增容）具备装表条件的操作流程	10	每一处不符合要求，扣5分，扣完为止		
	1.2	不具备装表条件	掌握低压居民新装（增容）不具备装表条件的操作流程	15	每一处不符合要求，扣5分，扣完为止		
低压非居民	2.1	无电网配套工程	掌握低压非居民新装（增容）无电网配套工程的操作流程	10	每一处不符合要求，扣5分，扣完为止		
	2.2	有电网配套工程	掌握低压非居民新装（增容）有电网配套工程的操作流程	15	每一处不符合要求，扣5分，扣完为止		
低压居民流程时限	3.1	具备装表条件	掌握低压居民新装（增容）具备装表条件的流程时限要求	10	每一处不符合要求，扣5分，扣完为止		
	3.2	不具备装表条件	掌握低压居民新装（增容）不具备装条表件的流程时限要求	15	每一处不符合要求，扣2分，扣完为止		
低压非居民流程时限	4.1	无电网配套工程	掌握低压非居民新装（增容）无电网配套工程的流程时限要求	10	每一处不符合要求，扣5分，扣完为止		
	4.2	有电网配套工程	掌握低压非居民新装（增容）有电网配套工程的流程时限要求	15	每一处不符合要求，扣5分，扣完为止		
考评员记事							

说明：（1）单项扣分以实际配分为限，超过部分（除安全外）不再扣负分。
（2）最终成绩评分为实际操作得分

考评员签字：

____年____月____日

任务二　对客户新装、增容客户确定电价执行标准

一、实训任务书

项目名称	对新装、增容客户确定电价执行标准
实训内容	课时：2学时。 内容：①《电力法》中电价有关规定、国家发改委、地方物价管理部门有关电价政策文件；②实例讲解
基本要求	1. 掌握《电力法》中电价政策的原则性规定 第三十五条规定：电价实行统一政策，统一定价原则，分级管理。 第四十一条规定：国家实行分类电价和分时电价。 第四十三条规定：任何单位不得超越电价管理权限制定电价。供电企业不得擅自变更电价。 2. 地方物价管理部门出台的具体电价政策 （1）电价分类、单一制电价、两部制电价、分时电价、力率调整标准、阶梯电价等通行政策。 （2）电铁、电厂、充换电设施等特批电价政策
工器具材料准备	桌椅、安装SG186营销信息系统计算机、档案袋
学员准备及场地布置	（1）学员自备一套工装。 （2）项目实施场地：客户服务实训室
目标	掌握确定新装、增容客户电价执行标准的技能

二、实训考核评分标准

<table>
<tr><td colspan="2">姓名</td><td></td><td>工作单位</td><td colspan="3">供电公司</td><td>供电所</td><td rowspan="2">成绩</td><td colspan="2" rowspan="2"></td></tr>
<tr><td colspan="2">考核时间</td><td></td><td>时间记录</td><td>开始时间</td><td>时　分</td><td>结束时间</td><td>时　分</td></tr>
<tr><td colspan="2">项目名称</td><td colspan="10">对新装、增容客户确定电价执行标准</td></tr>
<tr><td colspan="2">考核任务</td><td colspan="10">学习掌握《电力法》中电价有关规定、国家发展委、地方物价管理部门有关电价政策文件</td></tr>
<tr><td colspan="2">项目</td><td>考核内容</td><td colspan="3">考核要求</td><td>配分</td><td colspan="2">评分标准</td><td>扣分</td><td>得分</td></tr>
<tr><td rowspan="2">政策学习</td><td>1</td><td>《电力法》中电价政策的原则性规定</td><td colspan="3">正确掌握《电力法》中电价政策的原则性规定</td><td>30</td><td colspan="2">每一处不符合要求，扣10分，扣完为止</td><td></td><td></td></tr>
<tr><td>2</td><td>国家发改委、地方物价管理部门出台的具体电价政策</td><td colspan="3">正确掌握国家发改委、地方物价管理部门出台的具体电价政策</td><td>70</td><td colspan="2">每一处不符合要求，扣10分，扣完为止</td><td></td><td></td></tr>
<tr><td colspan="2">考评员记事</td><td colspan="10"></td></tr>
</table>

说明：（1）单项扣分以实际配分为限，超过部分（除安全外）不再扣负分。
（2）最终成绩评分为实际操作得分

考评员签字：

____年____月____日

任务三　对客户新装、增容供用电设施确定产权分界点

一、实训任务书

项目名称	对客户新装、增容供用电设施确定产权分界点
实训内容	课时：2学时。 内容：①《电力法》、《供电营业规则》中确定产权分界点的原则；②供用电设施资产移交对产权分界点的影响；③实例讲解
基本要求	1. 掌握《电力法》、《供电营业规则》中确定产权分界点的原则 《电力法》第十三条规定：电力投资者对其投资形成的电力，享有法定权益。 《供电营业规则》第四十七条规定：供电设施的运行维护管理范围，按产权归属确定。责任分界点按下列各项确定： （1）公用低压线路供电的，以供电接户线用户端最后支持物为分界点，支持物属供电企业。 （2）10kV及以下公用高压线路供电的，以用户的厂界外或配电室前的第一断路器或第一支持物为分界点，第一断路器或第一支持物属供电企业。 （3）35kV及以上公用高压线路供电的，以用户厂界外或用户变电所外第一基电杆为分界点。第一基电杆属供电企业。 （4）采用电缆供电的，本着便于维护管理的原则，分界点由供电企业与用户协商确定。 （5）产权属于用户且由用户运行维护的线路，以公用线路支杆或专用线接引的公用变电所外第一基电杆为分界点，专用线路第一电杆属用户。在电气上的具体分界点，由供用双方协商确定。 2. 供用电设施资产移交对产权分界点的影响 由客户投资，基于供用电双方平等协商达成一致，客户自愿无偿移交供用电设施的，产权分界点相应变更
工器具材料准备	桌椅、安装SG186营销信息系统计算机、档案袋
学员准备及场地布置	（1）学员自备一套工装。 （2）项目实施场地：客户服务实训室
目标	掌握确定客户新装、增容供用电设施产权分界点的技能

二、实训考核评分标准

姓名		工作单位		供电公司		供电所	成绩	
考核时间		时间记录	开始时间	时　分	结束时间	时　分		
项目名称	对客户新装、增容供用电设施确定产权分界点							
考核任务	《电力法》、《供电营业规则》中确定产权分界点的原则掌握情况							

项目		考核内容	考核要求	配分	评分标准	扣分	得分
政策学习	1	《电力法》、《供电营业规则》中确定产权分界点的原则	正确掌握《电力法》、《供电营业规则》中确定产权分界点的原则	100	每一处不符合要求，扣10分，扣完为止		
考评员记事							

说明：（1）单项扣分以实际配分为限，超过部分（除安全外）不再扣负分。
（2）最终成绩评分为实际操作得分

考评员签字：
____年____月____日

实训情境二　用电业务受理

任务一　低压居民一户一表新装（增容）用电资料核查

一、实训任务书

项目名称	低压居民一户一表新装（增容）用电资料核查
实训内容	课时：2学时。 内容：①客户申请资料核查；②核查SG186营销信息系统内有无欠费；③SG186营销信息系统流程发起；④资料归档；⑤基本服务礼仪
基本要求	1. 收集客户用电主体资格证明 查看客户有效主体资格证明原件，包括居民身份证、军官证、护照、户口簿或公安机关户籍证明；使用高拍仪采集原件信息，录入SG186营销信息系统，或复印留存主体证明。 收集房屋产权证明（复印件）或其他证明文书原件（包括房管部门、村委会等部门出具的房屋所有权证明）。若居民用电客户临柜申请用电报装，此类证明文书没有携带，应请客户签署“承诺书”，客户经理到达现场后带回。 2. 核查SG186营销信息系统内有无欠费 根据客户提供的用电地址或现有客户编号，进入SG186营销信息系统，核查该户是否存在欠费。若欠费，则及时提醒客户结清欠费。 3. 发起SG186营销信息系统业扩报装流程 登录SG186营销信息系统，填入客户申请用电基本信息（包括用电人姓名、主体资格证明信息、用电地址、用电容量等），发起系统报装流程。打印《居民用电登记表》和《居民用电背书合同》，请客户签字确认。 4. 资料归档 按照一户一档的管理要求，将办理完毕的《居民用电登记表》、《居民用电背书合同》及用户主体证明材料，统一装订成册，归类存放。长期保存。 5. 基本服务礼仪 着装规范、接待有礼、语言亲切、回答准确，符合基本服务礼仪与规范
工器具材料准备	桌椅、用电申请资料、《居民用电登记表》、《居民用电背书合同》、带SG186营销信息系统计算机、档案袋
学员准备及场地布置	（1）学员自备一套工装。 （2）学员独立完成。 （3）项目实施场地：客户服务实训室、模拟客户现场
目标	熟练掌握居民一户一表新装（增容）业务受理阶段资料核查的工作事项

二、实训考核评分标准

<table>
<tr><td>姓名</td><td></td><td>工作单位</td><td colspan="2">供电公司</td><td colspan="2">供电所</td><td rowspan="2">成绩</td><td rowspan="2"></td></tr>
<tr><td>考核时间</td><td></td><td>时间记录</td><td>开始时间</td><td>时　分</td><td>结束时间</td><td>时　分</td></tr>
<tr><td>项目名称</td><td colspan="8">居民一户一表新装（增容）客户用电申请资料核查</td></tr>
<tr><td>考核任务</td><td colspan="8">①客户申请资料核查；②SG186营销信息系统流程发起；③资料归档；④基本服务礼仪</td></tr>
</table>

续表

项目		考核内容	考核要求	配分	评分标准	扣分	得分
客户资料核查	1.1	收集主体证明资料	查看客户有效主体资格证明原件，操作系统正确、完整采集客户证件信息，或复印留存主体证明	15	每一处不符合要求，扣5分，扣完为止		
	1.2		收集房屋产权证明（复印件）或其他证明文书原件。若居民临柜没有携带本文书，应请客户签署“承诺书”	15	每一处不符合要求，扣5分，扣完为止		
核查欠费	2.1	SG186系统操作	进入SG186营销系统，准确查询该客户有无欠费	15	每一处不符合要求，扣5分，扣完为止		
	2.2	告知客户	无欠费客户可受理；有欠费则告知客户先结清欠费方可办理	5	每一处不符合要求，扣5分，扣完为止		
发起受理流程	3.1	SG186系统操作	正确登入SG186营销信息系统业扩报装居民新装（增容）受理界面	5	无法正确登入不得分		
	3.2		正确完整填写客户申请用电信息，发起流程	20	每一处不符合要求，扣2分，扣完为止		
	3.3	签字确认	打印《居民用电登记表》和《居民用电背书合同》，请客户签字确认	5	每一处不符合要求，扣3分，扣完为止		
资料归档	4.1	规范入档	一户一档存放，资料齐全	10	未完成不得分		
服务礼仪	5.1	着装规范	窗口人员规范着装；客户经理着现场工作服	5	每一处不符合要求，扣2分，扣完为止		
	5.2	接待礼仪	文明用语、行为举止规范	5	每一处不符合要求，扣2分，扣完为止		
考评员记事							

说明：（1）单项扣分以实际配分为限，超过部分（除安全外）不再扣负分。

（2）最终成绩评分为实际操作得分

考评员签字：

____年____月____日

三、相关表单

居民生活用电登记表

<table>
<tr><td colspan="4">客户基本信息</td></tr>
<tr><td>客户名称</td><td colspan="2"></td><td rowspan="5">（档案标识二维码，系统自动生成）</td></tr>
<tr><td>（证件名称）</td><td colspan="2">（证件号码）</td></tr>
<tr><td>用电地址</td><td colspan="2"></td></tr>
<tr><td>通信地址</td><td></td><td>邮编</td></tr>
<tr><td>电子邮箱</td><td colspan="2"></td></tr>
<tr><td>固定电话</td><td></td><td>移动电话</td><td></td></tr>
<tr><td colspan="4">经办人信息</td></tr>
<tr><td>经办人</td><td></td><td>身份证号</td><td></td></tr>
<tr><td>固定电话</td><td></td><td>移动电话</td><td></td></tr>
<tr><td colspan="4">服务确认</td></tr>
<tr><td>户号</td><td></td><td>户名</td><td></td></tr>
<tr><td>供电方式</td><td></td><td>供电容量</td><td></td></tr>
<tr><td>电价</td><td></td><td>增值服务</td><td></td></tr>
<tr><td>收费名称</td><td></td><td>收费金额</td><td></td></tr>
<tr><td>其他说明</td><td colspan="3">为方便缴费，请及时到银行办理委托代扣（需提供户号）</td></tr>
<tr><td colspan="4">特别说明：
本人对本表信息进行确认并核对无误，同时承诺提供的各项资料真实、合法、有效，并愿意签订供用电合同，遵守所签合同中的各项条款。

经办人签名：____年____月____日</td></tr>
<tr><td rowspan="2">供电企业填写</td><td colspan="2">受理人员：</td><td>申请编号：</td></tr>
<tr><td colspan="3">受理日期：　年　月　日（系统自动生成）</td></tr>
</table>

任务二　低压非居民新装（增容）用电资料核查

一、实训任务书

项目名称	低压非居民新装（增容）用电资料核查
实训内容	课时：2 学时。 内容：①收集客户用电主体资格证明；②核查 SG186 营销信息系统内有无欠费；③SG186 营销信息系统流程发起；④资料归档；⑤基本服务礼仪
基本要求	1. 收集客户用电主体资格证明 查看客户有效身份证明原件，包括营业执照或组织机构代码证；使用高拍仪采集原件信息，录入 SG186 营销信息系统，或复印留存主体证明。 收集房屋产权证明（复印件）或其他证明文书原件（包括房管部门、村委会等部门出具的房屋所有权证明）。若低压非居民用电客户临柜申请用电报装，此类证明文书没有携带，应请客户签署“承诺书”，客户经理到达现场后带回。

续表

基本要求	2. 核查 SG186 营销信息系统内有无欠费 根据客户提供的用电地址或现有客户编号，进入 SG186 营销信息系统，核查该户是否存在欠费。若欠费，则通知客户结清欠费，否则不予办理。 3. 发起 SG186 营销信息系统业扩报装流程 登录 SG186 营销信息系统，填入客户申请用电基本信息（包括用电人姓名、主体资格证明信息、用电地址、用电容量等），发起系统报装流程。打印《低压非居民用电登记表》，请客户签字确认。 4. 资料归档 按照一户一档的管理要求，将办理完毕的《低压非居民用电登记表》及用户主体证明材料，统一装订成册，归类存放。 5. 基本服务礼仪 着装规范、接待有礼、语言亲切、回答准确，符合基本服务礼仪与规范
工器具材料准备	桌椅、用电申请资料、《低压非居民用电登记表》、带 SG186 营销信息系统计算机、档案袋
学员准备及场地布置	（1）学员自备一套工装。 （2）学员单独完成。 （3）项目实施场地：客户服务实训室、模拟客户现场
目标	熟练掌握低压非居民新装（增容）业务受理阶段资料核查的工作事项

二、实训考核评分标准

<table>
<tr><td colspan="2">姓名</td><td></td><td>工作单位</td><td colspan="3">供电公司</td><td colspan="2">供电所</td><td rowspan="2">成绩</td><td rowspan="2"></td></tr>
<tr><td colspan="2">考核时间</td><td></td><td>时间记录</td><td>开始时间</td><td>时　分</td><td>结束时间</td><td colspan="2">时　分</td></tr>
<tr><td colspan="2">项目名称</td><td colspan="9">低压非居民新装（增容）客户用电资料核查</td></tr>
<tr><td colspan="2">考核任务</td><td colspan="9">①收集客户用电主体资格证明；②核查 SG186 营销信息系统内有无欠费；③SG186 营销信息系统流程发起；④资料归档；⑤基本服务礼仪</td></tr>
<tr><td colspan="2">项目</td><td>考核内容</td><td colspan="3">考核要求</td><td>配分</td><td colspan="2">评分标准</td><td>扣分</td><td>得分</td></tr>
<tr><td rowspan="2">客户资料核查</td><td>1.1</td><td rowspan="2">收集主体证明资料</td><td colspan="3">查看客户用电主体资格证明原件，操作系统正确、完整采集客户证件信息，或复印留存主体证明</td><td>10</td><td colspan="2">每一处不符合要求，扣 5 分，扣完为止</td><td></td><td></td></tr>
<tr><td>1.2</td><td colspan="3">收集房屋产权证明（复印件）或其他证明文书原件。若居民临柜没有携带本文书，应请客户签署“承诺书”</td><td>15</td><td colspan="2">每一处不符合要求，扣 5 分，扣完为止</td><td></td><td></td></tr>
<tr><td rowspan="2">核查欠费</td><td>2.1</td><td>SG186 系统操作</td><td colspan="3">进入 SG186 营销系统，准确查询该客户有无欠费</td><td>20</td><td colspan="2">每一处不符合要求，扣 5 分，扣完为止</td><td></td><td></td></tr>
<tr><td>2.2</td><td>告知客户</td><td colspan="3">无欠费客户可受理；有欠费则告知客户先结清欠费方可办理</td><td>15</td><td colspan="2">每一处不符合要求，扣 5 分，扣完为止</td><td></td><td></td></tr>
<tr><td rowspan="2">发起受理流程</td><td>3.1</td><td rowspan="2">SG186 系统操作</td><td colspan="3">正确登入 SG186 营销信息系统业扩报装低压非居民新装（增容）受理界面</td><td>5</td><td colspan="2">无法正确登入不得分</td><td></td><td></td></tr>
<tr><td>3.2</td><td colspan="3">正确完整填写客户申请用电信息，发起流程</td><td>15</td><td colspan="2">每一处不符合要求，扣 2 分，扣完为止</td><td></td><td></td></tr>
</table>

续表

项目		考核内容	考核要求	配分	评分标准	扣分	得分
发起受理流程	3.3	签字确认	打印《低压非居民用电登记表》，请客户签字确认	5	每一处不符合要求，扣3分，扣完为止		
资料归档	4.1	规范入档	一户一档存放，资料齐全	5	未完成不得分		
服务礼仪	5.1	着装规范	窗口人员规范着装；客户经理着现场工作服	5	每一处不符合要求，扣2分，扣完为止		
	5.2	接待礼仪	文明用语、行为举止规范	5	每一处不符合要求，扣2分，扣完为止		
考评员记事							

说明：（1）单项扣分以实际配分为限，超过部分（除安全外）不再扣负分。

（2）最终成绩评分为实际操作得分

考评员签字：

____年____月____日

三、相关表单

低压非居民用电登记表

<table>
<tr><td colspan="6">客户基本信息</td></tr>
<tr><td>户名</td><td></td><td>户号</td><td></td><td colspan="2" rowspan="5">（档案标识二维码，系统自动生成）</td></tr>
<tr><td>（证件名称）</td><td colspan="3">（证件号码）</td></tr>
<tr><td>用电地址</td><td colspan="3"></td></tr>
<tr><td>通信地址</td><td></td><td>邮编</td><td></td></tr>
<tr><td>电子邮箱</td><td colspan="3"></td></tr>
<tr><td>法人代表</td><td></td><td>身份证号</td><td colspan="3"></td></tr>
<tr><td>固定电话</td><td></td><td>移动电话</td><td colspan="3"></td></tr>
<tr><td colspan="6">经办人信息</td></tr>
<tr><td>经办人</td><td></td><td>身份证号</td><td colspan="3"></td></tr>
<tr><td>固定电话</td><td></td><td>移动电话</td><td colspan="3"></td></tr>
<tr><td colspan="6">申请事项</td></tr>
<tr><td>业务类型</td><td colspan="5">新装□　增容□　临时用电□</td></tr>
<tr><td>申请容量</td><td colspan="2"></td><td>供电方式</td><td colspan="2"></td></tr>
<tr><td>需要增值税发票</td><td colspan="5">是□　否□</td></tr>
<tr><td rowspan="4">增值税发票资料</td><td>增值税户名</td><td colspan="2">纳税地址</td><td colspan="2">联系电话</td></tr>
<tr><td></td><td colspan="2"></td><td colspan="2"></td></tr>
<tr><td>纳税证号</td><td colspan="2">开户银行</td><td colspan="2">银行账号</td></tr>
<tr><td></td><td colspan="2"></td><td colspan="2"></td></tr>
<tr><td colspan="6">告知事项</td></tr>
<tr><td colspan="6">贵户根据供电可靠性需求，可申请备用电源、自备发电设备或自行采取非电保安措施</td></tr>
<tr><td colspan="6">服务确认</td></tr>
<tr><td colspan="6">特别说明：
本人（单位）已对本表信息进行确认并核对无误，同时承诺提供的各项资料真实、合法、有效。
经办人签名：　年　月　日</td></tr>
<tr><td rowspan="2">供电企业填写</td><td colspan="2">受理人员：</td><td colspan="3">申请编号：</td></tr>
<tr><td colspan="5">受理日期：　年　月　日（系统自动生成）</td></tr>
</table>

任务三　纸质表单填写和系统流程发起

一、实训任务书

<table>
<tr><td>项目名称</td><td>纸质表单填写和系统流程发起</td></tr>
<tr><td>实训内容</td><td>课时：4学时。
内容：①企事业项目报装受理需填写的表单；②企事业项目的营销系统流程发起的流程</td></tr>
<tr><td>基本要求</td><td>1. 企事业项目报装受理需填写的表单
(1) 用电申请。
(2) 委托书。
(3) 高压业扩报装客户用电需求表。
(4) 用电报装客户重要等级认定书（重要用户需填写）。
(5) 第三电源承诺书（需配置第三电源的项目需填写）。
2. 企事业项目的营销系统流程发起的流程
(1) 详细填写各类信息（*项必填）。
(2) 要求一经受理就必须立即进机</td></tr>
<tr><td>工器具材料准备</td><td>书桌、座椅、带SG186营销信息系统计算机</td></tr>
<tr><td>学员准备及场地布置</td><td>(1) 学员自备文具。
(2) 每位学员单独书桌、座椅。
(3) 项目实施场地：客户服务实训室</td></tr>
<tr><td>目标</td><td>掌握各类报装项目的所填写的各种表格和营销系统流程发起的流程</td></tr>
</table>

二、实训考核评分标准

<table>
<tr><td colspan="2">姓名</td><td></td><td>工作单位</td><td colspan="3">供电公司</td><td>供电所</td><td rowspan="2">成绩</td><td rowspan="2"></td></tr>
<tr><td colspan="2">考核时间</td><td></td><td>时间记录</td><td>开始时间</td><td>时　分</td><td>结束时间</td><td>时　分</td></tr>
<tr><td colspan="2">项目名称</td><td colspan="8">纸质表单填写和系统流程发起</td></tr>
<tr><td colspan="2">考核任务</td><td colspan="8">①企事业项目报装受理需填写的表单；②企事业项目的营销系统流程发起的流程</td></tr>
<tr><td colspan="2">项目</td><td>考核内容</td><td colspan="2">考核要求</td><td>配分</td><td colspan="2">评分标准</td><td>扣分</td><td>得分</td></tr>
<tr><td rowspan="2">纸质表单填写和系统流程发起</td><td>1</td><td>企事业项目报装受理需填写的表单</td><td colspan="2">能熟练填写各种表格</td><td>75</td><td colspan="2">每一处不符合要求，扣15分，扣完为止</td><td></td><td></td></tr>
<tr><td>2</td><td>企事业项目的营销系统流程发起的流程</td><td colspan="2">正确登入SG186营销信息系统，填写栏目不漏项</td><td>25</td><td colspan="2">正确得分，不正确不得分</td><td></td><td></td></tr>
<tr><td colspan="2">考评员记事</td><td colspan="8"></td></tr>
</table>

说明：(1) 单项扣分以实际配分为限，超过部分（除安全外）不再扣负分。
(2) 最终成绩评分为实际操作得分

考评员签字：
____年____月____日

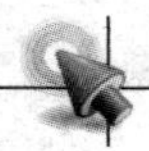

三、相关表单

用电申请（重要用户）

××供电公司：

我单位用电地址位于____________________，主要从事________________。现申请（新装□增容□），以满足我公司用电需要，具体情况和需求说明如下：

一、主供电源由____ kVA 增容____ kVA 至____ kVA，备供电源由____ kVA 增容____ kVA 至____ kVA，合计容量____ kVA，供电电压等级____ kV。

二、贵公司告知的国家电力监管委员会《关于加强重要电力用户供电电源及自备应急电源配置监督管理的意见》（电监安全〔2008〕43 号）已阅悉，经我单位与贵公司洽商，认定本项目用电属于____级重要电力用户。

三、我单位申请的此报装项目有不可中断供电负荷____ kW，为保证用电安全，我单位承诺按电监安全〔2008〕43 号文件规定自备发电机____ kW ____台，作为自备应急电源。确保在外部电源停电状态下，能及时提供自备应急电源，并采取必要的非电性质的保安措施。供电公司不承担因自备应急电源不能正常使用和非电性质保安措施失效所造成的一切损失和后果。

四、本次申请为____期用电，今后终期用电容量____ kVA。

申请单位名称：（客户盖公章）

申请时间（客户填写）：____年____月____日

送达时间（公司填写）：____年____月____日

用电申请（非重要用户）

××供电公司：

我单位用电地址位于____________________，主要从事________________。现申请（新装□　增容□），以满足我公司用电需要，具体情况和需求说明如下：

一、主供电源由____ kVA 增容____ kVA 至____ kVA，备供电源由____ kVA 增容____ kVA 至____ kVA，合计容量____ kVA，供电电压等级____ kV。

二、贵公司告知的国家电力监管委员会《关于加强重要电力用户供电电源及自备应急电源配置监督管理的意见》（电监安全〔2008〕43 号）已阅悉，我单位认定本项目用电不属于其中所列的重要电力用户。同时我单位承诺：由于电源停电造成的一切责任和事故后果，均由我单位承担。

三、本次申请为____期用电，今后终期用电容量____ kVA，预计用电时间____。

申请单位名称：（客户盖公章）

申请时间（客户填写）：____年____月____日

送达时间（公司填写）：____年____月____日

委 托 书

委托方：

名称：

我单位现有关于__________高压用电报装工程，需要与贵公司磋商处理相关事宜。现委托______为我单位代理人，______□是□否为本单位职工。委托代理人可以我单位的名义在代理期限：____年____月____日至____年____月____日内，代理处理如下事项（请在方框里选择委托代理人的处理事项）：

□向供电方递交高压用电报装申请资料。

□签署高压用电报装项目供电方案答复函。

□签署用电报装受电工程设计审核意见书。

□签署高压用电报装受电工程中间检查意见书。

□签署用电报装受电工程竣工检验意见书。

□签署用电报装项目送电工作单。

□签署《供用电合同》。

委托代理人在其权限范围及代理期限内签署的一切有关文件及办理的相关手续，我方均予承认并具有同等法律效力。委托代理人无权转换委托权。

特此委托。

委托单位（公章）：

法定代表人（章）：

签发日期：____年____月____日

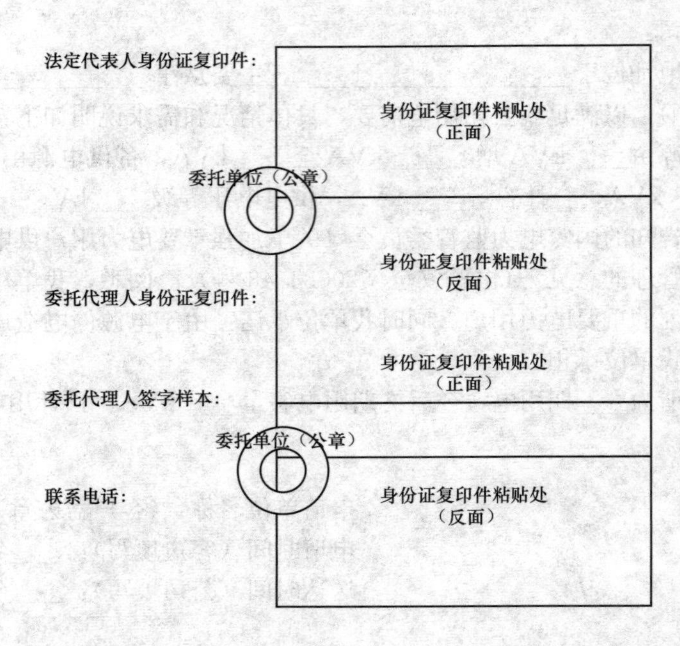
法定代表人身份证复印件：

身份证复印件粘贴处（正面）

委托单位（公章）

身份证复印件粘贴处（反面）

委托代理人身份证复印件：

身份证复印件粘贴处（正面）

委托代理人签字样本：

委托单位（公章）

联系电话：

身份证复印件粘贴处（反面）

高压业扩报装客户用电需求表

客户名称			营业执照号码		
用电地址			行业分类		
开户行			帐号		
法人代表		身份证号码		联系电话	
委托代理人		身份证号码		联系电话	
电压等级	□10kV　□35kV　□110kV　□220kV		报装性质	□永久　□临时	
电源需求	□单电源　□双电源		自备发电机	□有____kW　□无	
		主　供		备　供	
原有容量	变压器	台	kVA	台	kVA
	高压电动机	台	kW	台	kW
新装容量	变压器	台	kW	台	kW
	高压电动机	台	kW	台	kW
总计	变压器	台	kVA	台	kVA
	高压电动机	台	kW	台	kW
用电类别及容量	□居民生活用电______kW　□非居民照明用电______kW □商业用电______kW　□非工业、普通工业______kW □大工业用电______kW　□农业生产用电______kW　□贫困县农业排灌用电______kW				
电费缴纳方式	□柜台交费　□预付电费　□银行转帐　□其他				
预计用电日期	年　月　日	预计最大负荷	kW	预计正常月用电量	客户填写　kWh
主要生产产品		生产产量		产品单耗	
冲击或谐波负荷	□有　□无	允许中断供电时间		生产班次	
备注：					
客户（盖章）： 委托代理人： 申请时间：　年　月　日（　　　）			受理单位（盖章）： 受理人：供电方签字 受理时间：　年　月　日（　　　）		

电力用户设备登记清单

客户名称：________________　　　用电地址：________________

序号	设备名称	型号	出厂日期	设备功率（kW）	生产厂家	安装地点	是否要求不可中断供电

申请报告（公用部分）

××供电公司：

我单位开发____________项目，位于____________，总建筑面积____m^2，居民总户数为____户，其中60m^2以下____户，60～120m^2（含120m^2）____户，120～150m^2（含150m^2）____户，150m^2以上____户，现申请____户/4kW，____户/8kW，____户/12kW，____户/16kW，请供电公司办理为感。

申请单位名称（盖章）：

申请时间：____年____月____日

送达时间：____年____月____日

新建住宅正式用电需求表

项目名称		申请用电单位	
用电地址		预计用电日期	

法人代表		身份证号码		联系电话	
委托代理人		身份证号码		联系电话	

住宅部分（各栋详情在背面填写）						
单户面积标准（m^2）	单户供电容量配置标准（kW）	标准户数	标准户总面积（m^2）	超标户数	单户超标容量（kW）	超标户总面积（m^2）
60及以下	4					
60～120（含120）	8					
120～150（含150）	12					
150以上	16					
合计面积（m^2）			合计容量（kVA）			

梯间照明部分									
楼号	单元数	楼层数	每单元每层照明负荷（kW）	合计（kW）	楼号	单元数	楼层数	每单元每层照明负荷（kW）	合计（kW）
—					—				
—					—				
—					—				
单元数			合计容量（kVA）						

负荷容量100kVA以上公建设施部分（包括零星商业网点、物业、会所、幼儿园等）				
公建设施名称	建筑面积（m^2）	标准容量配置（W/m^2）	需求容量配置（W/m^2）	测算容量（kVA）
学校、幼儿园		60		
办公、物业		60～100		
商网、会所		100～150		
电梯、生活及消防水泵				

续表

公建设施名称	建筑面积（m^2）	标准容量配置（W/m^2）	需求容量配置（W/m^2）	测算容量（kVA）
地源热泵、太阳能设备				
集中供暖、供冷设备				
合计				
重要提示：申请用电单位以上填写的信息应准确无误，提供的相关资料应合法有效。否则，由此导致我公司负责建设的供电配套工程延期、返工或重建，由申请用电单位承担相应的经济损失和责任。				
客户（盖章）： 委托代理人： 申请时间：　　年　　月　　日		受理单位（盖章）： 收件人： 审核人： 收件时间：　　年　　月　　日		

新建住宅正式用电需求表（背面）

楼号	户型分布（户）				超标配置情况	配置容量（kVA）
	$60m^2$ 及以下	60～120（含）m^2	120～150（含）m^2	$150m^2$ 以上		
1						
2						
3						
4						
5						
6						
7						
8						
9						
10						
11						
12						
13						
14						
15						
16						
17						
18						
19						
20						
21						
22						
23						
24						
25						
合计						

用户资产产权无偿移交申请书

××供电公司：

为保证安全可靠用电，我单位（或个人）愿将______至______的电力设施的资产产权无偿移交给贵公司（以____为分界点，分界点电源侧的配电设施为我公司移交贵公司的资产范围，分界点用户侧的配电设施产权归用户所有，不属移交范围），请贵公司接收后负责该资产的后续运行维护管理。本单位电力设施于____年____月投入运行，相关资料如下：

（1）资产移交明细清单及图片（另见附件）。

（2）权属证明资料（另见附件。提供证明资料的同时，需书面说明该资产是否存在权属争议和纠纷、是否涉诉、是否已设定抵押或质押）。

（3）建设项目审批或核准资料（另见附件）。

（4）竣工验收资料（另见附件）。

（5）设计图纸、运行记录等生产维护资料（另见附件）。

（6）资产价值证明资料（另见附件）。

（7）与移交资产相关的土地、房产拟采取的处置方式（另见附件）。

特此申请，请予受理。

联系人：__________联系电话：__________

单位签章：

____年____月____日

第三电源承诺书

××供电公司：

我单位开发的________项目位于________，已向贵公司申请了主供电源____ kVA，备供电源____ kVA专用变压器供电，为确保用电安全，我公司承诺按国家相关规定要求自备应急电源设备____ kW发电机____台，以确保市电停电或故障时，自备应急电源设备能及时投入运行，并承担造成的一切安全责任和事故后果。

单位盖章：

法定代表人盖章：

____年____月____日

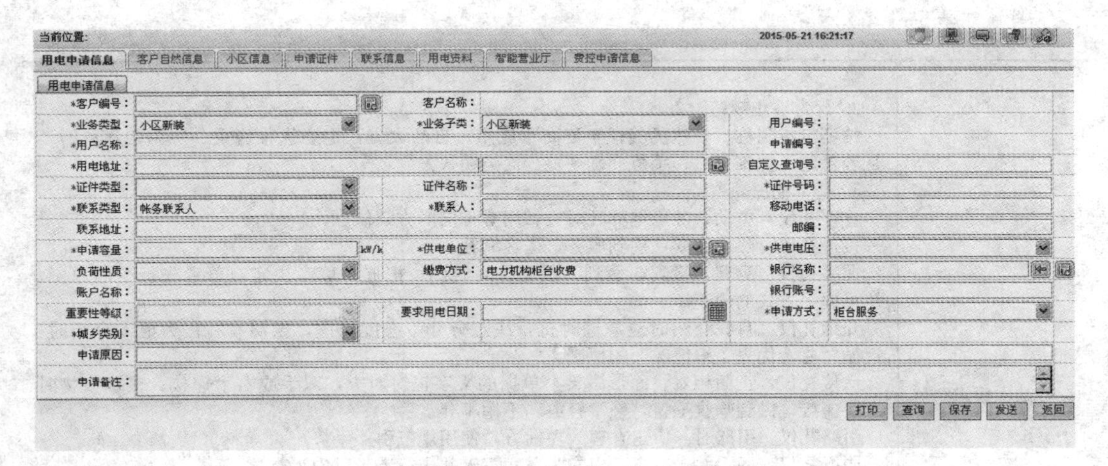

图 1-1-1　企事业项目的营销系统流程发起的流程

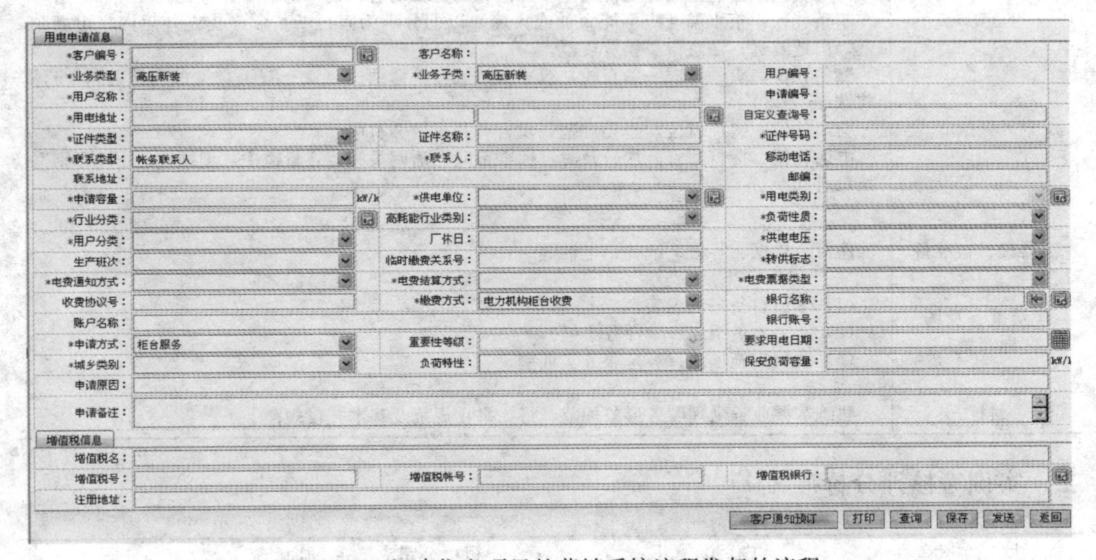

图 1-1-2　新建住宅项目的营销系统流程发起的流程

实训情境三　业扩报装服务规范与技巧

任务一　服务礼仪规范

一、实训任务书

项目名称	营业厅受理人员服务礼仪规范
实训内容	课时：4 学时。 内容：①服务形象规范；②行为举止规范；③基本礼仪规范
基本要求	1. 服务形象规范 着装统一、整洁、得体，仪容自然、端庄、大方，微笑适时适度，尊敬友善；眼神神情专注，正视对方。

续表

<table>
<tr><td>基本要求</td><td>2. 行为举止规范
站姿挺拔匀称、自然优美；坐姿高雅庄重、自然大方；走姿优雅稳重、协调匀速；蹲姿从容稳定、优雅自然；手势准确规范、简洁明快。
3. 基本礼仪规范
称呼礼仪：主动、准确地称呼对方，用尊称向对方问候。
接待礼仪：热情迎候，周到服务，送客有礼。
握手礼仪：身到，笑到，手到、眼到、问候到；把握“尊者决定，尊者先行”的原则；注重握手方式的规范。
介绍礼仪：自我介绍时应掌握时机，注意分寸，态度谦虚，亲切有礼；为他人介绍时，遵循“尊者优先了解情况”的原则。
递接礼仪：正面相对，面带微笑，单据的文字正对对方，双手或右手递接；交接钱物时双手递接，做到唱收唱付，轻拿轻放，不抛不弃。
引路礼仪：引路时，应走在客人左前方，使用规范引路手势。
同行礼仪：两人并排行走，以右为尊；三人并排行走，以中为尊。
开门礼仪：打开门后，把住门把手，站在门旁，对客人说“请进”并施礼。
奉茶礼仪：茶水温度应不能太烫或太凉，以七分满为宜；奉茶顺序：先外后内，由高到低，由近及远；注意奉茶手势规范。
鞠躬礼仪：头颈背成一条直线，双手自然放在裤缝两边（女士双手交叉放在体前），身体前倾 15°或 30°。
会议礼仪：提前就位，坐姿规范，发言有礼，散会有序。
电话礼仪：拨打适宜，接听及时，标准首问，语调柔和，音量适中，遵循“3 分钟原则”，挂机有礼</td></tr>
<tr><td>工器具材料准备</td><td>座椅、单据、零钱、纸杯、电话等</td></tr>
<tr><td>学员准备及场地布置</td><td>（1）学员自备一套工装。
（2）四名学员组成一个任务小组。
（3）项目实施场地：客户服务实训室</td></tr>
<tr><td>目标</td><td>熟练掌握业务受理服务形象规范、行为举止规范及基本礼仪规范</td></tr>
</table>

二、实训考核评分标准

<table>
<tr><td colspan="2">姓名</td><td></td><td>工作单位</td><td colspan="2">供电公司</td><td>供电所</td><td rowspan="2">成绩</td><td rowspan="2"></td></tr>
<tr><td colspan="2">考核时间</td><td></td><td>时间记录</td><td>开始时间</td><td>时　分</td><td>结束时间</td><td>时　分</td></tr>
<tr><td colspan="2">项目名称</td><td colspan="7">营业厅受理人员服务礼仪规范</td></tr>
<tr><td colspan="2">考核任务</td><td colspan="7">①服务形象规范；②行为举止规范；③基本礼仪规范</td></tr>
<tr><td colspan="2">项目</td><td>考核内容</td><td>考核要求</td><td>配分</td><td>评分标准</td><td>扣分</td><td colspan="2">得分</td></tr>
<tr><td rowspan="3">服务形象规范</td><td>1.1</td><td>着装规范</td><td>应保持服装整洁、完好、无污渍，服装、鞋袜、领带（领结）要协调统一、搭配合理</td><td>5</td><td>每一处不符合要求，扣 1 分，扣完为止</td><td></td><td colspan="2"></td></tr>
<tr><td>1.2</td><td>仪容规范</td><td>自然大方，恰到好处，头发应梳理整齐，不染彩色头发。颜面和手臂保持清洁，不留长指甲，不染彩色指甲，不佩戴夸张饰物</td><td>5</td><td>每一处不符合要求，扣 1 分，扣完为止</td><td></td><td colspan="2"></td></tr>
<tr><td>1.3</td><td>精神面貌</td><td>面带微笑，精神饱满、神采奕奕、健康向上</td><td>5</td><td>每一处不符合要求，扣 1 分，扣完为止</td><td></td><td colspan="2"></td></tr>
</table>

续表

项目		考核内容	考核要求	配分	评分标准	扣分	得分
行为举止规范	2.1	站姿	抬头、挺胸、收腹，双手下垂置于身体两侧或双手交叠自然下垂，双脚并拢，脚跟相靠，脚尖微开，不得双手抱胸、叉腰	5	每一处不符合要求，扣1分，扣完为止		
	2.2	坐姿	上身自然挺直，两肩平衡放松，后背与椅背保持一定间隙，不用手托腮或趴在工作台上，不抖动腿和跷二郎腿	5	每一处不符合要求，扣1分，扣完为止		
	2.3	走姿	步幅适当，节奏适宜，不奔跑追逐	5	每一处不符合要求，扣1分，扣完为止		
	2.4	蹲姿	从容稳定、优雅自然	5	每一处不符合要求，扣1分，扣完为止		
	2.5	手势	准确规范、简洁明快	5	每一处不符合要求，扣1分，扣完为止		
基本礼仪规范	3.1	称呼规范	主动、准确地称呼对方，用尊称向对方问候	5	每一处不符合要求，扣1分，扣完为止		
	3.2	接待规范	热情迎候，周到服务，送客有礼	5	每一处不符合要求，扣1分，扣完为止		
	3.3	握手规范	身到，笑到，手到、眼到、问候到；把握“尊者决定，尊者先行”的原则；注重握手方式的规范	5	每一处不符合要求，扣1分，扣完为止		
	3.4	介绍规范	自我介绍时应掌握时机，注意分寸，态度谦虚，亲切有礼；为他人介绍时，遵循“尊者优先了解情况”的原则	5	每一处不符合要求，扣1分，扣完为止		
	3.5	递接规范	正面相对，单据的文字正对对方，双手或右手递接；交接钱物时做到唱收唱付，轻拿轻放，不抛不弃	5	每一处不符合要求，扣1分，扣完为止		
	3.6	引路规范	引路时，应走在客人左前方，使用规范引路手势	5	每一处不符合要求，扣1分，扣完为止		
	3.7	同行规范	两人并排行走，以右为尊；三人并排行走，以中为尊	5	每一处不符合要求，扣1分，扣完为止		
	3.8	开门规范	打开门后，把住门把手，站在门旁，对客人说“请进”并施礼	5	每一处不符合要求，扣1分，扣完为止		

续表

项目		考核内容	考核要求	配分	评分标准	扣分	得分
基本礼仪规范	3.9	奉茶规范	茶水温度应不能太烫或太凉，以七分满为宜；奉茶顺序：先外后内，由高到低，由近及远；注意奉茶手势规范	5	每一处不符合要求，扣1分，扣完为止		
	3.10	鞠躬规范	头颈背成一条直线，双手自然放在裤缝两边（女士双手交叉放在体前），身体前倾15°或30°	5	每一处不符合要求，扣1分，扣完为止		
	3.11	会议规范	提前就位，坐姿规范，发言有礼，散会有序	5	每一处不符合要求，扣1分，扣完为止		
	3.12	电话规范	拨打适宜，接听及时，标准首问，语调柔和，音量适中，遵循“3分钟原则”，挂机有礼	5	每一处不符合要求，扣1分，扣完为止		
考评员记事							

说明：（1）单项扣分以实际配分为限，超过部分（除安全外）不再扣负分。

（2）最终成绩评分为实际操作得分

考评员签字：

____年____月____日

第二篇　业务受理员实训指导（中级）

实训情境一　业扩报装基础知识

任务一　高压新装（增容）报装流程与时限

一、实训任务书

项目名称	高压新装（增容）报装流程与时限
实训内容	课时：2 学时。 内容：①10kV 项目工程流程与时限；②35kV 及以上项目工程流程与时限
基本要求	1. 10kV 工程项目

阶段名称	环节名称	客户分类	环节时限（工作日）
供电方案答复	受理申请	所有客户	当日录入系统
	现场勘查		2
	确定供电方案	所有客户	单 10/双 25
	供电方案答复	所有客户	1
工程设计	工程设计	所有客户	—
	设计图纸审查	重要客户、有特殊负荷的客户	5
	业务收费	需交纳业务费的客户	—
工程建设	客户工程施工	所有客户	—
	电网配套工程施工	有电网配套工程的客户	60
	中间检查	有隐蔽工程重要客户、有特殊负荷客户	5
	竣工验收	所有高压客户	5
	装表		
	停（送）电计划制订		
送电	供用电合同签订	所有高压客户	5
	调度协议签订	调度管辖或许可的客户	
	送电	所有高压客户	

续表

<table>
<tr><td>基本要求</td><td>2. 35kV 工程项目
<table>
<tr><th>阶段</th><th>环节名称</th><th>客户分类</th><th>环节时限（工作日）</th></tr>
<tr><td rowspan="4">供电方案答复</td><td>受理申请</td><td rowspan="2">所有高压客户</td><td>当日录入系统</td></tr>
<tr><td>现场勘查</td><td>2</td></tr>
<tr><td>确定供电方案</td><td>35kV 及以上</td><td>单 11/双 26</td></tr>
<tr><td>供电方案答复</td><td>所有高压客户</td><td>1</td></tr>
<tr><td rowspan="3">工程设计</td><td>工程设计</td><td>35kV 及以上</td><td>—</td></tr>
<tr><td>设计图纸审查</td><td>高压重要客户</td><td>5</td></tr>
<tr><td>业务收费</td><td>需交纳业务费的客户</td><td>—</td></tr>
<tr><td rowspan="6">工程建设</td><td>客户工程施工</td><td>35kV 及以上</td><td>—</td></tr>
<tr><td>电网配套工程施工</td><td>有电网配套工程的项目</td><td>—</td></tr>
<tr><td>中间检查</td><td>有隐蔽工程的重要客户</td><td>5</td></tr>
<tr><td>竣工验收</td><td rowspan="3">所有高压客户</td><td rowspan="3">5</td></tr>
<tr><td>装表</td></tr>
<tr><td>停（送）电计划制订</td></tr>
<tr><td rowspan="3">送电</td><td>供用电合同签订</td><td>所有高压客户</td><td rowspan="3">5</td></tr>
<tr><td>调度协议签订</td><td>调度管辖或许可的客户</td></tr>
<tr><td>送电</td><td>所有高压客户</td></tr>
</table></td></tr>
<tr><td>工器具材料准备</td><td>桌椅</td></tr>
<tr><td>学员准备及场地布置</td><td>（1）学员自备一套工装。
（2）学员独立完成</td></tr>
<tr><td>目标</td><td>熟练掌握高压新装（增容）报装流程与时限相关要求</td></tr>
</table>

二、实训考核评分标准

<table>
<tr><td colspan="2">姓名</td><td></td><td>工作单位</td><td colspan="3">供电公司　　　　供电所</td><td rowspan="2">成绩</td><td colspan="2" rowspan="2"></td></tr>
<tr><td colspan="2">考核时间</td><td></td><td>时间记录</td><td>开始时间</td><td>时　分</td><td>结束时间　　时　分</td></tr>
<tr><td colspan="2">项目名称</td><td colspan="8">高压新装（增容）报装流程与时限</td></tr>
<tr><td colspan="2">考核任务</td><td colspan="8">①10kV 项目工程流程与时限；②35kV 及以上项目工程流程与时限</td></tr>
<tr><td colspan="2">项目</td><td>考核内容</td><td colspan="2">考核要求</td><td>配分</td><td colspan="2">评分标准</td><td>扣分</td><td>得分</td></tr>
<tr><td rowspan="2">10kV 工程项目</td><td>1.1</td><td>基本流程</td><td colspan="2">掌握 10kV 高压新装（增容）业务的基本流程</td><td>25</td><td colspan="2">每一处不符合要求，扣 5 分，扣完为止</td><td></td><td></td></tr>
<tr><td>1.2</td><td>时限要求</td><td colspan="2">掌握 10kV 高压新装（增容）业务的流程时限要求</td><td>25</td><td colspan="2">每一处不符合要求，扣 5 分，扣完为止</td><td></td><td></td></tr>
</table>

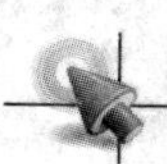

续表

项目		考核内容	考核要求	配分	评分标准	扣分	得分
35kV及以上工程项目	2.1	基本流程	掌握35kV及以上高压新装（增容）业务的基本流程	25	每一处不符合要求，扣5分，扣完为止		
	2.2	时限要求	掌握35kV及以上高压新装（增容）业务的流程时限要求	25	每一处不符合要求，扣5分，扣完为止		
考评员记事							

说明：（1）单项扣分以实际配分为限，超过部分（除安全外）不再扣负分。
（2）最终成绩评分为实际操作得分

考评员签字：
____年____月____日

任务二　电压等级选择

一、实训任务书

<table>
<tr><td>项目名称</td><td>对新装、增容客户确定电压等级选择标准</td></tr>
<tr><td>实训内容</td><td>课时：2学时。
内容：《国家电网公司业扩供电方案编制导则》</td></tr>
<tr><td>基本要求</td><td>1. 掌握《国家电网公司业扩供电方案编制导则》中电压等级选择的基本原则
<table>
<tr><th>供电电压等级</th><th>用电设备容量</th><th>受电变压器总容量</th></tr>
<tr><td>220V</td><td>10kW及以下单相设备</td><td></td></tr>
<tr><td>380V</td><td>100kW及以下</td><td>50kVA及以下</td></tr>
<tr><td>10kV</td><td></td><td>50kVA～10MVA</td></tr>
<tr><td>35kV</td><td></td><td>5～40MVA</td></tr>
<tr><td>66kV</td><td></td><td>15～40MVA</td></tr>
<tr><td>110kV</td><td></td><td>20～100MVA</td></tr>
<tr><td>220kV</td><td></td><td>100MVA及以上</td></tr>
</table>
2. 掌握《国家电网公司业扩供电方案编制导则》中电压等级选择的其他原则
（1）无35kV电压等级的，10kV电压等级受电变压器总容量为50kVA～15MVA。
（2）供电半径超过本级电压规定时，可按高一级电压供电。
（3）具有冲击负荷、波动负荷、非对称负荷的客户，宜采用由系统变电所新建线路或提高电压等级供电的供电方式</td></tr>
<tr><td>工器具材料准备</td><td>桌椅、档案袋、范例资料</td></tr>
<tr><td>学员准备及场地布置</td><td>（1）学员自备一套工装。
（2）项目实施场地：客户服务实训室</td></tr>
<tr><td>目标</td><td>掌握确定新装、增容客户电压等级选择的技能</td></tr>
</table>

二、实训考核评分标准

<table>
<tr><td colspan="2">姓名</td><td></td><td>工作单位</td><td colspan="3">供电公司</td><td>供电所</td><td rowspan="2">成绩</td><td></td></tr>
<tr><td colspan="2">考核时间</td><td></td><td>时间记录</td><td>开始时间</td><td>时 分</td><td>结束时间</td><td>时 分</td><td></td></tr>
<tr><td colspan="2">项目名称</td><td colspan="9">对新装、增容客户确定电压等级选择标准</td></tr>
<tr><td colspan="2">考核任务</td><td colspan="9">学习掌握《国家电网公司业扩供电方案编制导则》中电压等级选择原则</td></tr>
<tr><td colspan="2">项目</td><td>考核内容</td><td colspan="3">考核要求</td><td>配分</td><td colspan="2">评分标准</td><td>扣分</td><td>得分</td></tr>
<tr><td rowspan="2">确定原则学习</td><td>1</td><td>《编制导则》中电压等级选择的原则性规定</td><td colspan="3">正确掌握《编制导则》中电压等级选择的原则性规定</td><td>70</td><td colspan="2">每一处不符合要求，扣 10 分，扣完为止</td><td></td><td></td></tr>
<tr><td>2</td><td>《编制导则》中电压等级选择的其他原则</td><td colspan="3">对于无 35kV 电压等级、供电半径超过本级电压等级及具有冲击、波动负荷等时的确定原则</td><td>15</td><td colspan="2">每一处不符合要求，扣 5 分，扣完为止</td><td></td><td></td></tr>
<tr><td>实例解答</td><td>3</td><td>实例考察掌握情况</td><td colspan="3">列举实例检验学员掌握情况，重点是各受电容量范围应选取的电压等级及其他情况时就选取原则</td><td>15</td><td colspan="2">每一处不符合要求扣 5 分，扣完为止</td><td></td><td></td></tr>
<tr><td colspan="2">考评员记事</td><td colspan="9"></td></tr>
</table>

说明：（1）单项扣分以实际配分为限，超过部分（除安全外）不再扣负分。
（2）最终成绩评分为实际操作得分

考评员签字：
____年____月____日

实训情境二　用电业务受理

任务一　高压新装（增容）用电申请资料核查

一、实训任务书

项目名称	高压新装（增容）用电申请资料核查
实训内容	课时：2 学时。 内容：①客户申请资料核查；②核查欠费情况；③SG186 营销信息系统流程发起；④资料归档；⑤基本服务礼仪
基本要求	1. 收集客户用电主体资格证明 查看客户有效身份证明原件，包括营业执照或组织机构代码证；使用高拍仪采集原件信息，录入 SG186 营销信息系统，或复印留存主体证明。 （1）房屋或土地合法使用证明或相关法律文书（购房合同、房管部门、村委会等出具的房屋所有权证明材料）。 （2）企业法人及委托代理人身份证复印件、授权委托书。 （3）政府职能部门有关本项目立项的批复、核准、备案文件。 （4）环评、能评报告（重要、“两高”及其他特殊客户）。 （5）采矿许可证、安全生产许可证（煤矿及非煤矿山客户）。 （6）主要电气设备清单（影响电能质量的用电设备清单）。 （7）接入电网可行性研究报告（35kV 及以上客户）。

续表

基本要求	若高压用电客户临柜申请用电报装，此类证明文书没有携带，应请客户签署“承诺书”，客户经理现场勘查时收集。 2. 核查欠费情况 根据客户提供的用电地址或现有客户编号，进入 SG186 营销信息系统，核查该户是否存在欠费。若欠费，则通知客户结清欠费。否则不予办理。 3. 发起 SG186 营销信息系统业扩报装流程 登录 SG186 营销信息系统，填入客户申请用电基本信息（包括用电人姓名、主体资格证明信息、用电地址、用电容量等），发起系统报装流程。打印《高压客户用电登记表》，请客户签字确认。 4. 资料归档 按照一户一档的管理要求，将办理完毕的《低压非居民用电登记表》及用户主体证明材料，统一装订成册，归类存放。 5. 基本服务礼仪 着装规范、接待有礼、语言亲切、回答准确，符合基本服务礼仪与规范
工器具材料准备	桌椅、用电申请资料、《高压客户用电登记表》、带 SG186 营销信息系统计算机、档案袋
学员准备及场地布置	（1）学员自备一套工装。 （2）学员单独完成。 （3）项目实施场地：客户服务实训室、模拟客户现场
目标	熟练掌握高压客户新装（增容）业务受理阶段资料核查的工作事项

二、实训考核评分标准

姓名			工作单位	供电公司	供电所	成绩	
考核时间			时间记录	开始时间 时 分	结束时间 时 分		
项目名称		高压新装（增容）客户用电资料核查					
考核任务		①客户申请资料核查；②核查欠费情况；③SG186 营销信息系统流程发起；④资料归档；⑤基本服务礼仪					
项目		考核内容	考核要求	配分	评分标准	扣分	得分
客户资料核查	1.1	收集主体证明资料	查看客户用电主体资格证明原件，操作系统正确、完整采集客户证件信息，或复印留存主体证明	10	每一处不符合要求，扣 5 分，扣完为止		
	1.2		收集房屋产权证明（复印件）或其他证明文书原件。若客户临柜没有携带本文书，应请客户签署“承诺书”	15	每一处不符合要求，扣 5 分，扣完为止		
核查欠费情况	2.1	SG186 系统操作	进入 SG186 营销系统，准确查询该客户有无欠费	20	每一处不符合要求，扣 5 分，扣完为止		
	2.2	告知客户	无欠费客户可受理；有欠费则告知客户先结清欠费方可办理	15	每一处不符合要求，扣 5 分，扣完为止		
发起受理流程	3.1	SG186 系统操作	正确登入 SG186 营销信息系统业扩报装高压新装（增容）受理界面	5	无法正确登入不得分		
	3.2		正确完整填写客户申请用电信息，发起流程	15	每一处不符合要求，扣 2 分，扣完为止		

续表

项目		考核内容	考核要求	配分	评分标准	扣分	得分
发起受理流程	3.3	签字确认	打印《高压客户用电登记表》，请客户签字确认	5	每一处不符合要求，扣 3 分，扣完为止		
资料归档	4.1	规范入档	一户一档存放，资料齐全	5	未完成不得分		
基本服务礼仪	5.1	着装规范	窗口人员规范着装；客户经理着现场工作服	5	每一处不符合要求，扣 2 分，扣完为止		
	5.2	接待礼仪	文明用语、行为举止规范	5	每一处不符合要求，扣 2 分，扣完为止		
考评员记事							

说明：(1) 单项扣分以实际配分为限，超过部分（除安全全外）不再扣负分。

(2) 最终成绩评分为实际操作得分

考评员签字：

____年____月____日

三、相关表单

高压客户用电登记表

客户基本信息				
户名		户号		
证件名称		证件号码		
行业		重要客户	是□ 否□	
用电地址	县（市/区）街道（镇/乡）社区（居委会/村）			
	道路小区组团（片区）			
通信地址		邮编		
电子邮箱				
法人代表		身份证号		
固定电话		移动电话		
客户经办人资料				
经办人		身份证号		
固定电话		移动电话		
用电需求信息				
业务类型	新装□ 增容□ 临时用电□			
用电类别	工业□ 非工业□ 商业□ 农业□ 其他□			
第一路电源容量	kW	原有容量：kVA	申请容量：kVA	
第二路电源容量	kW	原有容量：kVA	申请容量：kVA	
自备电源	有□ 无□		容量：kW	
需要增值税发票	是□ 否□	非线性负荷	有□ 无□	
特别说明： 本人（单位）已对本表信息进行确认并核对无误，同时承诺提供的各项资料真实、合法、有效。 经办人签名（单位盖章）：				
供电企业填写	受理人员：		申请编号：	
	受理日期：　年　月　日（系统自动生成）		供电企业（盖章）：	

任务二　纸质表单填写和系统流程发起

一、实训任务书

项目名称	纸质表单填写和系统流程发起
实训内容	课时：4 学时。 内容：①企事业项目报装受理需填写的表单；②新建住宅项目报装受理需填写的表单；③企事业项目的营销系统流程发起的流程；④新建住宅项目的营销系统流程发起的流程
基本要求	1. 企事业项目报装受理需填写的表单 （1）用电申请。 （2）委托书。 （3）高压业扩报装客户用电需求表。 （4）用电报装客户重要等级认定书（重要用户需填写）。 （5）第三电源承诺书（需配置第三电源的项目需填写）。 2. 新建住宅项目报装受理需填写的表单 （1）用电申请。 （2）高压业扩报装客户用电需求表。 （3）电力用户设备登记清单。 （4）申请报告（公用部分）。 （5）新建住宅正式用电需求表。 （6）委托书。 （7）用户资产产权无偿移交申请书。 （8）第三电源承诺书（新建住宅项目专用部分需配置第三电源的需填写）。 3. 企事业项目的营销系统流程发起的流程 （1）详细填写各类信息（＊项必填）。 （2）要求一经受理就必须立即进机。 4. 新建住宅项目的营销系统流程发起的流程 （1）详细填写各类信息（＊项必填）。 （2）要求一经受理就必须立即进机
工器具材料准备	书桌、座椅、带 SG186 营销信息系统计算机
学员准备及场地布置	（1）学员自备文具。 （2）每位学员单独书桌、座椅。 （3）项目实施场地：客户服务实训室
目标	掌握各类报装项目的所填写的各种表格和营销系统流程发起的流程

二、实训考核评分标准

<table>
<tr><td>姓名</td><td></td><td>工作单位</td><td colspan="4">供电公司　　　　供电所</td><td rowspan="2">成绩</td><td rowspan="2"></td></tr>
<tr><td>考核时间</td><td></td><td>时间记录</td><td>开始时间</td><td>时　分</td><td>结束时间</td><td>时　分</td></tr>
<tr><td>项目名称</td><td colspan="8">纸质表单填写和系统流程发起</td></tr>
<tr><td>考核任务</td><td colspan="8">①企事业项目报装受理需填写的表单；②新建住宅项目报装受理需填写的表单；③企事业项目的营销系统流程发起的流程；④新建住宅项目的营销系统流程发起的流程</td></tr>
</table>

续表

项目		考核内容	考核要求	配分	评分标准	扣分	得分
纸质表单填写和系统流程发起	1	企事业项目报装受理需填写的表单	能熟练填写各种表格	30	每一处不符合要求，扣6分，扣完为止		
	2	新建住宅项目报装受理需填写的表单	能熟练填写各种表格	40	每一处不符合要求，扣5分，扣完为止		
	3	企事业项目的营销系统流程发起的流程	正确登入SG186营销信息系统，填写栏目不漏项	15	正确得分，不正确不得分		
	4	新建住宅项目的营销系统流程发起的流程	正确登入SG186营销信息系统，填写栏目不漏项	15	正确得分，不正确不得分		
考评员记事							

说明：（1）单项扣分以实际配分为限，超过部分（除安全外）不再扣负分。
（2）最终成绩评分为实际操作得分

考评员签字：
____年____月____日

三、相关表单

用电申请（重要用户）

××供电公司：

我单位用电地址位于________________，主要从事______________。现申请（新装□增容□），以满足我公司用电需要，具体情况和需求说明如下：

一、主供电源由____ kVA增容____ kVA至____ kVA，备供电源由____ kVA增容____ kVA至____ kVA，合计容量____ kVA，供电电压等级____ kV。

二、贵公司告知的国家电力监管委员会《关于加强重要电力用户供电电源及自备应急电源配置监督管理的意见》（电监安全〔2008〕43号）已阅悉，经我单位与贵公司洽商，认定本项目用电属于____级重要电力用户。

三、我单位申请的此报装项目有不可中断供电负荷____ kW，为保证用电安全，我单位承诺按电监安全〔2008〕43号文件规定自备发电机____ kW ____台，作为自备应急电源。确保在外部电源停电状态下，能及时提供自备应急电源，并采取必要的非电性质的保安措施。供电公司不承担因自备应急电源不能正常使用和非电性质保安措施失效所造成的一切损失和后果。

四、本次申请为____期用电，今后终期用电容量____ kVA。

申请单位名称：（客户盖公章）
申请时间（客户填写）：____年____月____日
送达时间（公司填写）：____年____月____日

用电申请（非重要用户）

××供电公司：

我单位用电地址位于________________，主要从事______________。现申请（新装□增容□），以满足我公司用电需要，具体情况和需求说明如下：

一、主供电源由____ kVA 增容____ kVA 至____ kVA，备供电源由____ kVA 增容____ kVA 至____ kVA，合计容量____ kVA，供电电压等级____ kV。

二、贵公司告知的国家电力监管委员会《关于加强重要电力用户供电电源及自备应急电源配置监督管理的意见》（电监安全〔2008〕43 号）已阅悉，我单位认定本项目用电不属于其中所列的重要电力用户。同时我单位承诺：由于电源停电造成的一切责任和事故后果，均由我单位承担。

三、本次申请为____期用电，今后终期用电容量____ kVA，预计用电时间____。

申请单位名称：（客户盖公章）

申请时间（客户填写）：____年____月____日

送达时间（公司填写）：____年____月____日

委 托 书

委托方：

名称：

我单位现有关于________高压用电报装工程，需要与贵公司磋商处理相关事宜。现委托______为我单位代理人，______□是□否为本单位职工。委托代理人可以我单位的名义在代理期限：____年____月____日至____年____月____日内，代理处理如下事项（请在方框里选择委托代理人的处理事项）：

□向供电方递交高压用电报装申请资料。

□签署高压用电报装项目供电方案答复函。

□签署用电报装受电工程设计审核意见书。

□签署高压用电报装受电工程中间检查意见书。

□签署用电报装受电工程竣工检验意见书。

□签署用电报装项目送电工作单。

□签署《供用电合同》。

委托代理人在其权限范围及代理期限内签署的一切有关文件及办理的相关手续，我方均予承认并具有同等法律效力。委托代理人无权转换委托权。

特此委托。

委托单位（公章）：

法定代表人（章）：

签发日期：____年____月____日

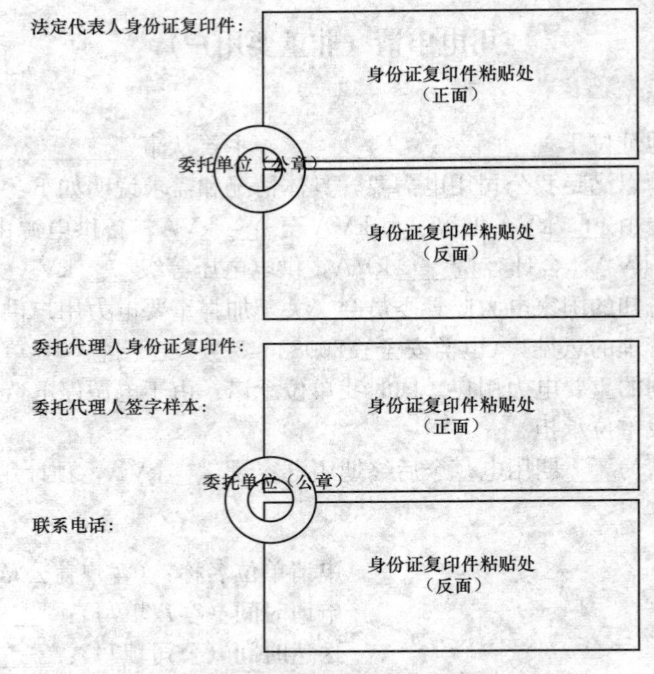
法定代表人身份证复印件：

身份证复印件粘贴处（正面）

委托单位（公章）

身份证复印件粘贴处（反面）

委托代理人身份证复印件：

委托代理人签字样本：

身份证复印件粘贴处（正面）

委托单位（公章）

联系电话：

身份证复印件粘贴处（反面）

高压业扩报装客户用电需求表

客户名称			营业执照号码			
用电地址			行业分类			
开户行			帐　号			
法人代表		身份证号码			联系电话	
委托代理人		身份证号码			联系电话	
电压等级	□10kV　□35kV　□110kV　□220kV			报装性质	□永久	□临时
电源需求	□单电源　□双电源		自备发电机	□有____kW　□无		
		主供		备供		
原有容量	变压器	台	kVA	台	kVA	
	高压电机	台	kW	台	kW	
新装容量	变压器	台	kW	台	kW	
	高压电机	台	kW	台	kW	
总计	变压器	台	kVA	台	kVA	
	高压电机	台	kW	台	kW	
用电类别及容量	□居民生活用电______kW　□非居民照明用电______kW □商业用电______kW　□非工业、普通工业______kW □大工业用电______kW　□农业生产用电______kW　□贫困县农业排灌用电______kW					
电费缴纳方式	□柜台交费　□预付电费　□银行转帐　□其他					
预计用电日期	年　月　日	预计最大负荷	kW	预计正常月用电量	客户填写	kWh
主要生产产品		生产产量		产品单耗		
冲击或谐波负荷	□有　□无	允许中断供电时间		生产班次		
备注：						
客户（盖章）： 委托代理人： 申请时间：　年　月　日（　　　）				受理单位（盖章）： 受理人：供电方签字 受理时间：　年　月　日（　　　）		

电力用户设备登记清单

客户名称：__________ 用电地址：__________

序号	设备名称	型号	出厂日期	设备功率（kW）	生产厂家	安装地点	是否要求不可中断供电

申请报告（公用部分）

××供电公司：

我单位开发__________项目，位于__________，总建筑面积____m²，居民总户数为____户，其中60m²以下____户，60～120m²（含120m²）____户，120～150m²（含150m²）____户，150m²以上____户，现申请____户/4kW，____户/8kW，____户/12kW，____户/16kW，请供电公司办理为感。

申请单位名称（盖章）：

申请时间：____年____月____日

送达时间：____年____月____日

新建住宅正式用电需求表

项目名称			申请用电单位		
用电地址			预计用电日期		
法人代表		身份证号码		联系电话	
委托代理人		身份证号码		联系电话	

住宅部分（各栋详情在背面填写）

单户面积标准（m^2）	单户供电容量配置标准（kW）	标准户数	标准户总面积（m^2）	超标户数	单户超标容量（kW）	超标户总面积（m^2）
60及以下	4					
60～120（含120）	8					
120～150（含150）	12					
150以上	16					
合计面积（m^2）			合计容量（kVA）			

梯间照明部分

楼号	单元数	楼层数	每单元每层照明负荷（kW）	合计（kW）	楼号	单元数	楼层数	每单元每层照明负荷（kW）	合计（kW）
—					—				
—					—				
—					—				
单元数					合计容量（kVA）				

负荷容量100kVA以上公建设施部分（包括零星商业网点、物业、会所、幼儿园等）

公建设施名称	建筑面积（m^2）	标准容量配置（W/m^2）	需求容量配置（W/m^2）	测算容量（kVA）
学校、幼儿园		60		
办公、物业		60～100		
商网、会所		100～150		
电梯、生活及消防水泵				
地源热泵、太阳能设备				
集中供暖、供冷设备				
合计				

重要提示：申请用电单位以上填写的信息应准确无误，提供的相关资料应合法有效。否则，由此导致我公司负责建设的供电配套工程延期、返工或重建，由申请用电单位承担相应的经济损失和责任

客户（盖章）：
委托代理人：
申请时间：　　年　　月　　日

受理单位（盖章）：
收件人：
审核人：
收件时间：　　年　　月　　日

新建住宅正式用电需求表（背面）

楼号	户型分布（户）				超标配置情况	配置容量（kVA）
	$60m^2$ 及以下	60～120（含）m^2	120～150（含）m^2	$150m^2$ 以上		
1						
2						
3						
4						
5						
6						
7						
8						
9						
10						
11						
12						
13						
14						
15						
16						
17						
18						
19						
20						
21						
22						
23						
24						
25						
合计						

用户资产产权无偿移交申请书

××供电公司：

为保证安全可靠用电，我单位（或个人）愿将______至______的电力设施的资产产权无偿移交给贵公司（以____为分界点，分界点电源侧的配电设施为我公司移交贵公司的资产范围，分界点用户侧的配电设施产权归用户所有，不属移交范围），请贵公司接收后负责该资产的后续运行维护管理。本单位电力设施于____年____月投入运行，相关资料如下：

（1）资产移交明细清单及图片（另见附件）。

（2）权属证明资料（另见附件。提供证明资料的同时，需书面说明该资产是否存在权属争议和纠纷、是否涉诉、是否已设定抵押或质押）。

（3）建设项目审批或核准资料（另见附件）。

（4）竣工验收资料（另见附件）。

（5）设计图纸、运行记录等生产维护资料（另见附件）。

（6）资产价值证明资料（另见附件）。

（7）与移交资产相关的土地、房产拟采取的处置方式（另见附件）。

特此申请，请予受理。

联系人：__________联系电话：__________

单位签章：

____年____月____日

第三电源承诺书

××供电公司：

我单位开发的________项目位于________，已向贵公司申请了主供电源________ kVA，备供电源________ kVA专用变压器供电，为确保用电安全，我公司承诺按国家相关规定要求自备应急电源设备________ kW发电机________台，以确保市电停电或故障时，自备应急电源设备能及时投入运行，并承担造成的一切安全责任和事故后果。

单位盖章：

法定代表人盖章：

____年____月____日

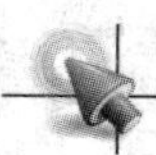

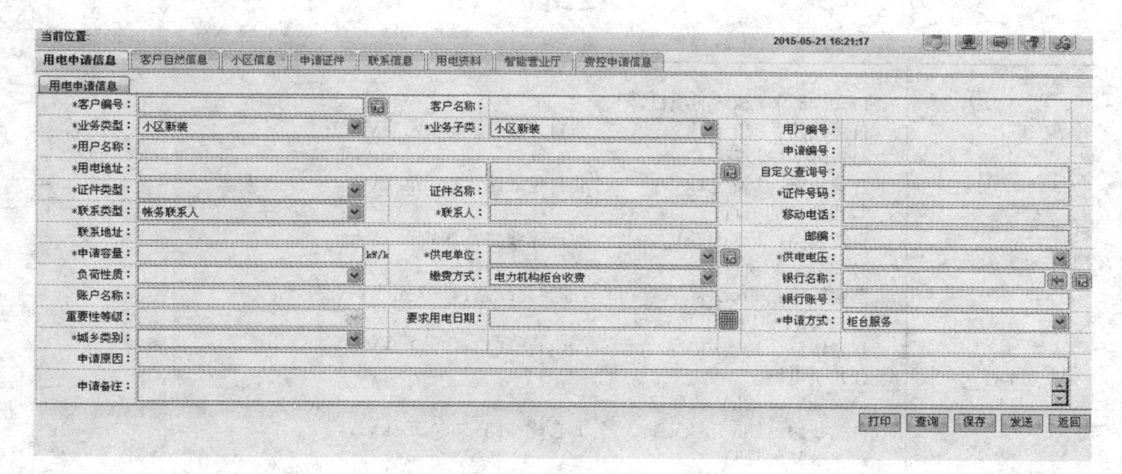

图 1-2-1　企事业项目的营销系统流程发起的流程

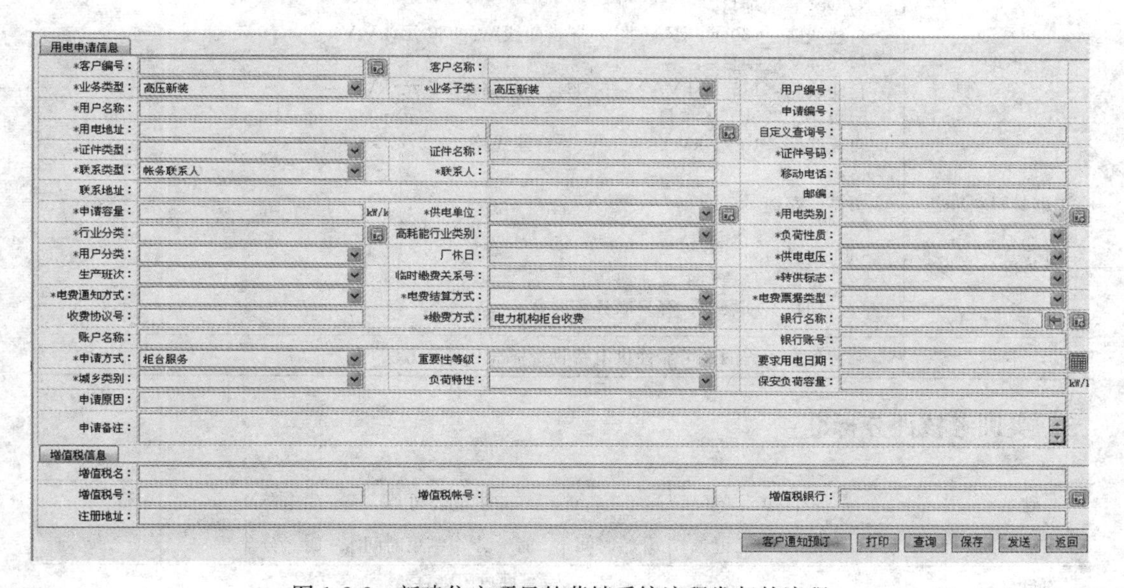

图 1-2-2　新建住宅项目的营销系统流程发起的流程

任务三　高可靠性供电费计算

一、实训任务书

项目名称	高可靠性供电费计算
实训内容	课时：2 学时。 内容：①全架空；②全电缆
基本要求	1. 高可靠费用收取范围 对申请新装及增加用电容量的两路及以上多回路供电（含备用电源、保安电源）用电户，除供电容量最大的供电回路外，对其余供电回路应收取高可靠性供电费用。 2. 高可靠费用收取标准 （1）全架空。

续表

基本要求	1）0.38/0.22kV 的项目。 自建线路：220 元/kVA　　非自建线路：270 元/kVA 2）10kV 的项目。 自建线路：160 元/kVA　　非自建线路：220 元/kVA 3）20kV 的项目。 自建线路：125 元/kVA　　非自建线路：195 元/kVA 4）35kV 的项目。 自建线路：90 元/kVA　　非自建线路：170 元/kVA 5）110kV、220kV 的项目。 自建线路：10 元/kVA　　非自建线路：90 元/kVA （2）全电缆。 1）0.38/0.22kV 的项目。 自建线路：285 元/kVA　　非自建线路：350 元/kVA 2）10kV 的项目。 自建线路：210 元/kVA　　非自建线路：285 元/kVA 3）20kV 的项目。 自建线路：160 元/kVA　　非自建线路：250 元/kVA 4）35kV 的项目。 自建线路：115 元/kVA　　非自建线路：220 元/kVA 5）110、220kV 的项目。 自建线路：10 元/kVA　　非自建线路：115 元/kVA
工器具材料准备	书桌、座椅
学员准备及场地布置	（1）学员自备文具。 （2）每位学员单独书桌、座椅。 （3）项目实施场地：客户服务实训室
目标	掌握各类工程的高可靠性供电费收费标准和计算方法

二、实训考核评分标准

姓名			工作单位	供电公司		供电所		成绩	
考核时间			时间记录	开始时间	时　分	结束时间	时　分		
项目名称	高可靠性供电费计算								
考核任务	主要培养学员掌握各类工程的高可靠性供电费收费标准和计算方法。具体实训内容包括：①全架空；②全电缆								
项目		考核内容	考核要求		配分	评分标准		扣分	得分
政策理解	1.1	高可靠费用收取范围	概念的背诵		10	正确得分，不正确不得分			
	1.2	全架空线路的高可靠费用收取标准	双回以上多供电回路项目各电压等级的全架空线项目，高可靠费用的收取标准		30	共10点，每一点不正确扣3分			
	1.3	全电缆线路的高可靠费用收取标准	双回以上多供电回路项目各电压等级的全电缆线项目，高可靠费用的收取标准		30	共10点，每一点不正确扣3分			

续表

项目		考核内容	考核要求	配分	评分标准	扣分	得分
具体计算	2	高可靠费用计算	根据线路类型的高可靠费用收取标准，计算各种电压等级下的项目高可靠费用（举3个例子进行计算，全架空、全电缆、架空、电缆混合，每1个类型出1题）	30	每1个题计算不正确，扣10分，扣完为止		
考评员记事							

说明：（1）单项扣分以实际配分为限，超过部分（除安全外）不再扣负分。

（2）最终成绩评分为实际操作得分

考评员签字：

____年____月____日

任务四　专变负荷计算

一、实训任务书

项目名称	专变负荷计算
实训内容	课时：2学时。 内容：①服务形象规范；②专变负荷计算
基本要求	1. 服务形象规范 着装统一、整洁、得体；仪容自然、端庄、大方；微笑适时适度，尊敬友善；眼神神情专注，正视对方。 2. 专用变压器负荷计算 根据客户用电申请及负荷统计表估算专用变压器报装容量是否合理，并判断是否应配置应急电源。 （1）设备容量不明确时，按负荷密度估算：物业管理类60～100W/m²；商业（会所）类100～150W/m²。 （2）根据已知条件：如一级负荷、二级负荷、三级负荷的容量及需用系数计算主（备）供容量，根据一级负荷中特别重要的负荷容量计算应配置应急电源的容量。 1）主供容量至少应包括所有一级负荷、二级负荷、三级负荷的容量总和。 2）一般情况下考虑到设备功率因数及变压器经济运行值均在0.8左右，计算时相抵，因此，不需参与计算过程。计算公式如下 $S_{js}=P_1K_1+P_2K_2+P_nK_n$（$S_{js}$—计算容量　P—设备功率　K—需用系数）
工器具材料准备	座椅、已知条件、建筑总平面图、草稿纸、计算器、文具等
学员准备及场地布置	（1）学员自备一套工装。 （2）学员独立完成。 （3）项目实施场地：客户服务实训室
目标	掌握专变负荷的计算方法

二、实训考核评分标准

<table>
<tr><td>姓名</td><td colspan="2"></td><td>工作单位</td><td colspan="3">供电公司</td><td>供电所</td><td rowspan="2">成绩</td><td></td></tr>
<tr><td>考核时间</td><td colspan="2"></td><td>时间记录</td><td>开始时间</td><td>时　分</td><td>结束时间</td><td>时　分</td><td></td></tr>
<tr><td>项目名称</td><td colspan="10">业务受理（新建住宅负荷计算）</td></tr>
<tr><td>考核任务</td><td colspan="10">①服务形象规范；②经济技术指标的识取；③新建住宅用电负荷的计算；④公用变压器容量配置</td></tr>
<tr><td colspan="2">项目</td><td>考核内容</td><td>考核要求</td><td>配分</td><td>评分标准</td><td>扣分</td><td>得分</td></tr>
<tr><td rowspan="3">服务形象规范</td><td>1.1</td><td>着装规范</td><td>应保持服装整洁、完好、无污渍，服装、鞋袜、领带（领结）要协调统一、搭配合理</td><td>15</td><td>每一处不符合要求，扣1分，扣完为止</td><td></td><td></td></tr>
<tr><td>1.2</td><td>仪容规范</td><td>自然大方，恰到好处，头发应梳理整齐，不染彩色头发。颜面和手臂保持清洁，不留长指甲，不染彩色指甲，不佩戴夸张饰物</td><td>15</td><td>每一处不符合要求，扣1分，扣完为止</td><td></td><td></td></tr>
<tr><td>1.3</td><td>精神面貌</td><td>面带微笑，精神饱满、神采奕奕、健康向上</td><td>10</td><td>每一处不符合要求，扣1分，扣完为止</td><td></td><td></td></tr>
<tr><td>专变负荷计算</td><td>2.1</td><td>主供容量</td><td>经过计算在答题卡上填写计算后的主供电源容量</td><td>60</td><td>每一处统计错误，扣5分，扣完为止</td><td></td><td></td></tr>
<tr><td colspan="2">考评员记事</td><td colspan="6"></td></tr>
</table>

说明：(1) 单项扣分以实际配分为限，超过部分（除安全外）不再扣负分。
(2) 最终成绩评分为实际操作得分

考评员签字：
____年____月____日

三、实训答题卡

<table>
<tr><td>姓名</td><td></td><td>工作单位</td><td colspan="3">供电公司</td><td>供电所</td><td rowspan="2">成绩</td><td></td></tr>
<tr><td>考核时间</td><td></td><td>时间记录</td><td>开始时间</td><td>时　分</td><td>结束时间</td><td>时　分</td><td></td></tr>
<tr><td>项目名称</td><td colspan="8">业务受理（专变负荷计算）</td></tr>
<tr><td colspan="7">主供容量计算过程：
____kVA</td><td colspan="2"></td></tr>
<tr><td colspan="9">说明：(1) 单项扣分以实际配分为限，超过部分（除安全外）不再扣负分。
(2) 最终成绩评分为实际操作得分</td></tr>
</table>

四、相关表单

某6层办公楼用电负荷计算统计表

负荷分级	用电设备及总功率（kW）		需用系数	备注
三级	办公照明	200	0.75	
	中央空调动力	120	0.6	
二级	楼道照明	3	0.5	
	普通客梯	70	0.5	
	应急照明	3	1.0	
	安防监控系统	5	1.0	
	电子信息机房	20	0.75	

实训情境三　业扩报装服务规范与技巧

任务一　营业厅及现场服务行为规范

一、实训任务书

项目名称	营业厅及现场服务行为规范
实训内容	课时：4学时。 内容：①营业厅服务行为规范；②现场服务行为规范
基本要求	1. 营业厅服务行为规范 （1）营业厅基本服务行为规范。 1）统一着装，挂牌上岗； 2）仪容仪表大方得体； 3）行为举止自然、文雅、端庄，精神饱满； 4）使用普通话服务，并按标准的服务用语应答。 （2）营业厅引导服务行为规范。 1）迎宾服务规范：主动迎送，做到迎三步、送三步，面带微笑，目光亲切，语言规范； 2）业务办理引导服务规范：引导客户办理相关用电业务时，应了解客户需求，正确引导客户办理相关业务； 3）营业厅秩序维持服务规范：营业厅引导员应随时关注进厅、出厅、排队等候、展示区以及休息区客户。 （3）营业厅柜台服务行为规范。 1）解释营业厅柜台服务遵循的原则：首问负责制、先外后内、先接先办、接一待二顾三、暂停服务亮牌、领导接待公示； 2）柜台迎送规范：客户来到柜台前时，主动用眼神礼貌迎接，起身微笑示座，用规范用语问候；客户离开柜台时，应微笑与客户告别，微笑目送客户； 3）受理服务行为规范：起身相迎，微笑示座，认真倾听，准确答复，规范流程办理； 4）收费服务行为规范：保持微笑，行注目礼，主动向客户问候，双手递接客户交费现金、转账单或电费通知单，做到唱收唱付； 5）咨询、查询服务行为规范：仔细倾听，准确、迅速分析并详细记录客户的咨询查询内容，通俗易懂地解答、引导；对无法答复的咨询，应说明情况请客户谅解并做好记录，留下客户的联系电话；

续表

基本要求	6）投诉、举报服务行为规范：先处理心情后处理事情；适当解释、表示歉意、提出解决的方法、100%进行回访； 7）自助服务行为规范：主动、热情、周到、规范。 2. 现场服务行为规范 主动、规范、安全、纪律
工器具材料准备	咨询引导区、业务受理区、缴费区、自助服务区、客户休息区等
学员准备及场地布置	(1) 学员自备一套工装。 (2) 四名学员组成一个任务小组。 (3) 项目实施场地：客户服务实训室
目标	熟练掌握营业厅及现场服务行为规范

二、实训考核评分标准

姓名			工作单位	供电公司			供电所	成绩	
考核时间			时间记录	开始时间	时 分	结束时间	时 分		
项目名称	营业厅及现场服务行为规范								
工作任务	①营业厅服务行为规范；②现场服务行为规范								
项目		考核内容	考核要求		配分	评分标准		扣分	得分
营业厅服务行为规范	1.1	营业厅基本服务行为规范	(1) 统一着装，挂牌上岗。 (2) 仪容仪表大方得体。 (3) 行为举止自然、文雅、端庄，精神饱满。 (4) 使用普通话服务，并按标准的服务用语应答		20	每一处不符合要求，扣 5 分，扣完为止			
	1.2	营业厅引导服务行为规范	(1) 迎宾服务：主动迎送，面带微笑，目光亲切自然。使用标准的请、送姿，并致以问候语及欢送语。 (2) 业务办理引导服务：耐心询问，准确引导。 (3) 营业厅秩序维持服务：服务及时，语言规范，动作标准		20	每一处不符合要求，扣 4 分，扣完为止			
	1.3	营业厅柜台服务行为规范	(1) 准确回答营业厅柜台服务遵循的原则。 (2) 柜台迎送：主动用眼神礼貌迎接，起身微笑示座，用规范用语。 (3) 受理服务：起身相迎，微笑示座，认真倾听，准确答复，规范流程办理。 (4) 收费服务：保持微笑，双手递接，做到唱收唱付。 (5) 咨询、查询服务：仔细倾听，迅速分析，准确回答。 (6) 投诉、举报服务：先处理心情后处理事情。 (7) 自助服务：主动、热情、周到、规范		30	每一处不符合要求，扣 4 分，扣完为止			

续表

项目		考核内容	考核要求	配分	评分标准	扣分	得分
现场服务行为规范	2.1	现场服务行为规范	（1）准确回答“三不指定”的内容。 （2）到客户现场服务前，有必要且有条件的，应与客户预约时间，讲明工作内容和工作地点，请客户予以配合。 （3）进入客户现场时，应主动出示工作证件，并进行自我介绍。进入居民室内时，应先按门铃或轻轻敲门，主动出示工作证件，征得同意后，穿上鞋套，方可入内。 （4）到客户现场工作时，应遵守客户内部有关规章制度，尊重客户的风俗习惯。 （5）到客户现场工作时，应携带必备的工具和材料。工具、材料应摆放有序，严禁乱堆乱放。如需借用客户物品，应征得客户同意，用完后先清洁再轻轻放回原处，并向客户致谢。 （6）如在工作中损坏了客户原有设施，应尽量恢复原状或等价赔偿。 （7）在公共场所施工，应有安全措施，悬挂施工单位标志、安全标志，并配有礼貌用语。在道路两旁施工时，应在恰当位置摆放醒目的告示牌。 （8）现场工作结束后，应立即清扫，不能留有废料和污迹，做到设备、场地清洁。同时应向客户交待有关注意事项，并主动征求客户意见。电力电缆沟道等作业完成后，应立即盖好所有盖板，确保行人、车辆通行。 （9）原则上不在客户处住宿、就餐，如因特殊情况确需在客户处住宿、就餐的，应按价付费	30	每一处不符合要求，扣 4 分，扣完为止		
考评员记事							

说明：（1）单项扣分以实际配分为限，超过部分（除安全外）不再扣负分。
（2）最终成绩评分为实际操作得分

考评员签字：

____年____月____日

第三篇　业务受理员实训指导（高级）

实训情境一　业扩报装基础知识

任务一　分布式电源并网服务报装流程与时限

一、实训任务书

<table>
<tr><td>项目名称</td><td>分布式电源并网服务报装流程与时限</td></tr>
<tr><td>实训内容</td><td>课时：2学时。
内容：①分布式光伏用户的分类；②第一类用户报装流程与时限要求；③第二类用户报装流程与时限要求</td></tr>
<tr><td>基本要求</td><td>1. 分布式用户的分类
分布式电源（不含小水电）分为两种类型：第一类为10kV及以下电压等级接入，且单个并网点总装机容量不超过6MW的分布式电源。第二类为35kV电压等级接入，年自发自用电量大50%的分布式电源；或10kV电压等级接入且单个并网点总装机容量超过6MW，年自发自用电量大于50%的分布式电源。通过实训学习能够熟练掌握分布式电源并网服务中各环节中的主要内容和基本流程，计算相应考核时限。
2. 第一类分布式电源的报装流程与时限要求
<table>
<tr><th colspan="9">380（220）V接入电网分布式电源客户</th></tr>
<tr><th colspan="2" rowspan="3">序号</th><th rowspan="3">工作内容</th><th rowspan="3">开始时间</th><th rowspan="3">完成时间</th><th colspan="2">考核时限</th><th colspan="2">累计时间</th></tr>
<tr><th colspan="2">（工作日）</th><th colspan="2">（工作日）</th></tr>
<tr><th>光伏</th><th>其他</th><th>光伏</th><th>其他</th></tr>
<tr><td rowspan="3">1</td><td rowspan="3">并行</td><td rowspan="2">受理申请</td><td>受理并网申请</td><td>受理并网申请完成</td><td colspan="2">当日录入系统</td><td rowspan="3">2</td><td rowspan="3">2</td></tr>
<tr><td>受理并网申请完成</td><td>将申请资料转发展部，并通知经研所</td><td colspan="2">2</td></tr>
<tr><td>现场勘察</td><td>受理并网申请完成</td><td>完成现场勘察</td><td colspan="2">2</td></tr>
<tr><td>2</td><td>—</td><td>编制方案</td><td>完成现场勘察</td><td>制定接入系统方案并报审</td><td>10（20）</td><td>30</td><td>12（22）</td><td>32</td></tr>
<tr><td>3</td><td>—</td><td>审查方案</td><td>收到接入系统方案</td><td>出具审查意见、接入电网意见函</td><td>5</td><td></td><td>17（27）</td><td>37</td></tr>
<tr><td>4</td><td>—</td><td>答复方案</td><td>收到审查意见、接入电网意见函</td><td>答复接入系统方案、接入电网意见函</td><td>3</td><td></td><td>20（30）</td><td>40</td></tr>
</table>
<table>
<tr><th colspan="9">10kV接入电网分布式电源客户</th></tr>
<tr><th colspan="2" rowspan="3">序号</th><th rowspan="3">工作内容</th><th rowspan="3">开始时间</th><th rowspan="3">完成时间</th><th colspan="2">考核时限</th><th colspan="2">累计时间</th></tr>
<tr><th colspan="2">（工作日）</th><th colspan="2">（工作日）</th></tr>
<tr><th>光伏</th><th>其他</th><th>光伏</th><th>其他</th></tr>
<tr><td rowspan="3">1</td><td rowspan="3">并行</td><td rowspan="2">受理申请</td><td>受理并网申请</td><td>受理并网申请完成</td><td colspan="2">当日录入系统</td><td rowspan="3">2</td><td rowspan="3">2</td></tr>
<tr><td>受理并网申请完成</td><td>将申请资料转发展部，并通知经研所</td><td colspan="2">2</td></tr>
<tr><td>现场勘察</td><td>受理并网申请完成</td><td>完成现场勘察</td><td colspan="2">2</td></tr>
<tr><td>2</td><td>—</td><td>编制方案</td><td>完成现场勘察</td><td>制定接入系统方案并报审</td><td>10（20）</td><td>30</td><td>12（22）</td><td>32</td></tr>
<tr><td>3</td><td>—</td><td>审查方案</td><td>收到接入系统方案</td><td>出具审查意见、接入电网意见函</td><td colspan="2">5</td><td>17（27）</td><td>37</td></tr>
<tr><td>4</td><td>—</td><td>答复方案</td><td>收到审查意见、接入电网意见函</td><td>答复接入系统方案、接入电网意见函</td><td colspan="2">3</td><td>20（30）</td><td>40</td></tr>
</table>
</td></tr>
</table>

续表

基本要求

380（220）V接入电网分布式电源客户

序号		工作内容	开始时间	完成时间	考核时限（工作日）光伏	考核时限（工作日）其他	累计时间（工作日）光伏	累计时间（工作日）其他
5	—	审查设计文件	受理审查申请	答复审查意见	10		30（40）	50
6	并行	客户工程实施	设计审查完毕	根据施工进度	—		—	—
		电网配套工程实施	ERP建项	根据施工	与客户工程		—	—
					同步或提			
7	并行	受理验收申请	受理验收申请	申请资料存档，并转相关部门	2		40（50）	60
		计量装置安装	受理验收申请	完成计量装置安装	10			
		签订《发用电合同》	受理验收申请	完成合同签订	10			
		签订《并网调度协议》	受理验收申请	完成协议签订	10			
8	—	并网验收调试	完成计量装置安装	完成并网验收及调试	10		50（60）	70
9	—	并网	并网验收调试合格后直接并网	—				

点并网的分布式光伏项目，在答复接入系统方案后增加设计审查环节，受理设计审查申请后10个工作日内答复审查意见

10kV接入电网分布式电源客户

序号		工作内容	开始时间	完成时间	考核时限（工作日）光伏	考核时限（工作日）其他	累计时间（工作日）光伏	累计时间（工作日）其他
5	—	审查设计文件	受理审查申请	答复审查意见	10		30（40）	50
6	并行	客户工程实施	设计审查完毕	根据施工进度	—		—	—
		电网配套工程实施	ERP建项	根据施工进度	与客户工程		—	—
					同步或提前竣工			
7	并行	受理验收申请	受理验收申请	申请资料存档，并转相关部门	2		40（50）	60
		计量装置安装	受理验收申请	完成计量装置安装	10			
		签订《发用电合同》	受理验收申请	完成合同签订	10			
		签订《并网调度协议》	受理验收申请	完成协议签订	10			
8	—	并网验收调试	完成计量装置安装	完成并网验收及调试	10		50（60）	70
9	—	并网	并网验收调试合格后直接并网	—				

分布式光伏发电接入系统方案编制工作时限，单点并网项目10个工作日，多点并网项目20个工作日

3．第二类分布式电源的报装流程与时限要求

基本要求

380（220）V接入电网分布式电源客户

序号		工作内容	开始时间	完成时间	考核时限（工作日）光伏	考核时限（工作日）其他	累计时间（工作日）光伏	累计时间（工作日）其他
1	并行	受理申请	受理并网申请	受理并网申请完成	当日录入系统		2	2
			受理并网申请完成	将申请资料转发展部，并通知经研所	2			
		现场勘察	受理并网申请完成	完成现场勘察	2			

10kV接入电网分布式电源客户

序号		工作内容	开始时间	完成时间	考核时限（工作日）光伏	考核时限（工作日）其他	累计时间（工作日）光伏	累计时间（工作日）其他
1	并行	受理申请	受理并网申请	受理并网申请完成	当日录入系统		2	2
			受理并网申请完成	将申请资料转发展部，并通知经研所	2			
		现场勘察	受理并网申请完成	完成现场勘察	2			

续表

基本要求

380（220）V接入电网分布式电源客户

序号		工作内容	开始时间	完成时间	考核时限（工作日）光伏	考核时限（工作日）其他	累计时间（工作日）光伏	累计时间（工作日）其他
2	—	编制方案	完成现场勘察	制定接入系统方案并报审	10（20）	30	12（22）	32
3	—	审查方案	收到接入系统方案	出具审查意见、接入电网意见函	5		17（27）	37
4	—	答复方案	收到审查意见、接入电网意见函	答复接入系统方案、接入电网意见函	3		20（30）	40
5	—	审查设计文件	受理审查申请	答复审查意见	10		30（40）	50
6	并行	客户工程实施	设计审查完毕	根据施工进度	—		—	—
		电网配套工程实施	ERP建项	根据施工	与客户工程同步或提		—	—
7	并行	受理验收申请	受理验收申请	申请资料存档，并转相关部门	2		40（50）	60
		计量装置安装	受理验收申请	完成计量装置安装	10			
		签订《发用电合同》	受理验收申请	完成合同签订	10			
		签订《并网调度协议》	受理验收申请	完成协议签订	10			
8	—	并网验收调试	完成计量装置安装	完成并网验收及调试	10		50（60）	70
9	—	并网	并网验收调试合格后直接并网	—				

点并网的分布式光伏项目，在答复接入系统方案后增加设计审查环节，受理设计审查申请后10个工作日内答复审查意见

10kV接入电网分布式电源客户

序号		工作内容	开始时间	完成时间	考核时限（工作日）光伏	考核时限（工作日）其他	累计时间（工作日）光伏	累计时间（工作日）其他
2	—	编制方案	完成现场勘察	制定接入系统方案并报审	10（20）	30	12（22）	32
3	—	审查方案	收到接入系统方案	出具审查意见、接入电网意见函	5		17（27）	37
4	—	答复方案	收到审查意见、接入电网意见函	答复接入系统方案、接入电网意见函	3		20（30）	40
5	—	审查设计文件	受理审查申请	答复审查意见	10		30（40）	50
6	并行	客户工程实施	设计审查完毕	根据施工进度	—		—	—
		电网配套工程实施	ERP建项	根据施工进度	与客户工程同步或提前竣工		—	—
7	并行	受理验收申请	受理验收申请	申请资料存档，并转相关部门	2		40（50）	60
		计量装置安装	受理验收申请	完成计量装置安装	10			
		签订《发用电合同》	受理验收申请	完成合同签订	10			
		签订《并网调度协议》	受理验收申请	完成协议签订	10			
8	—	并网验收调试	完成计量装置安装	完成并网验收及调试	10		50（60）	70
9	—	并网	并网验收调试合格后直接并网	—				

分布式光伏发电接入系统方案编制工作时限，单点并网项目10个工作日，多点并网项目20个工作日

工器具材料准备	桌椅
学员准备及场地布置	（1）学员自备一套工装。 （2）学员独立完成
目标	熟练掌握分布式电源并网服务报装流程与时限相关要求

二、实训考核评分标准

<table>
<tr><td colspan="2">姓名</td><td></td><td>工作单位</td><td colspan="3">供电公司　　供电所</td><td rowspan="2">成绩</td><td></td></tr>
<tr><td colspan="2">考核时间</td><td></td><td>时间记录</td><td>开始时间　　时　分</td><td colspan="2">结束时间　　时　分</td><td></td></tr>
<tr><td colspan="2">项目名称</td><td colspan="7">分布式电源并网服务报装流程与时限</td></tr>
<tr><td colspan="2">考核任务</td><td colspan="7">①第一类用户报装流程与时限要求；②第二类用户报装流程与时限要求</td></tr>
<tr><td colspan="2">项目</td><td>考核内容</td><td>考核要求</td><td>配分</td><td>评分标准</td><td>扣分</td><td colspan="2">得分</td></tr>
<tr><td rowspan="2">第一类</td><td>1.1</td><td>基本流程</td><td>掌握第一类分布式电源并网服务操作流程</td><td>25</td><td>每一处不符合要求，扣5分，扣完为止</td><td></td><td colspan="2"></td></tr>
<tr><td>1.2</td><td>时限要求</td><td>掌握第一类分布式电源并网服务操作流程考核时限要求</td><td>25</td><td>每一处不符合要求，扣5分，扣完为止</td><td></td><td colspan="2"></td></tr>
<tr><td rowspan="2">第二类</td><td>2.1</td><td>基本流程</td><td>掌握第二类分布式电源并网服务操作流程</td><td>25</td><td>每一处不符合要求，扣5分，扣完为止</td><td></td><td colspan="2"></td></tr>
<tr><td>2.2</td><td>时限要求</td><td>掌握第二类分布式电源并网服务操作流程考核时限要求</td><td>25</td><td>每一处不符合要求，扣5分，扣完为止</td><td></td><td colspan="2"></td></tr>
<tr><td colspan="2">考评员记事</td><td colspan="7"></td></tr>
</table>

说明：(1) 单项扣分以实际配分为限，超过部分（除安全外）不再扣负分。
(2) 最终成绩评分为实际操作得分

考评员签字：
____年____月____日

任务二　充换电设施用电业务报装流程与时限

一、实训任务书

<table>
<tr><td>项目名称</td><td>充换电设施用电业务报装流程与时限</td></tr>
<tr><td>实训内容</td><td>课时：2学时。
内容：①低压充换电设施报装项目基本流程与时限要求；②高压充换电设施报装项目基本流程与时限要求</td></tr>
<tr><td>基本要求</td><td>

低压充换电设施报装项目业务流程及办理时限

<table>
<tr><th>阶段名称</th><th>工作内容</th><th>业务办理参考时限（工作日）</th></tr>
<tr><td rowspan="3">供电方案答复</td><td>受理申请</td><td>当日录入系统</td></tr>
<tr><td>现场勘查</td><td rowspan="2">1</td></tr>
<tr><td>供电方案答复</td></tr>
<tr><td rowspan="2">工程建设及送电</td><td>工程施工、竣工验收</td><td rowspan="2">5</td></tr>
<tr><td>供用电合同签订、装表送电</td></tr>
</table>

</td></tr>
</table>

续表

<table>
<tr><td>项目名称</td><td colspan="3">充换电设施用电业务报装流程与时限</td></tr>
<tr><td rowspan="14">基本要求</td><td colspan="3">高压充换电设施报装项目业务流程及办理时限</td></tr>
<tr><td>阶段名称</td><td>工作内容</td><td>业务办理参考时限（工作日）</td></tr>
<tr><td rowspan="4">供电方案答复</td><td>受理申请</td><td>当日录入系统</td></tr>
<tr><td>现场勘查</td><td>1</td></tr>
<tr><td>确定供电方案</td><td>12</td></tr>
<tr><td>供电方案答复</td><td>1</td></tr>
<tr><td>工程设计</td><td>图纸审查</td><td>5</td></tr>
<tr><td rowspan="5">工程建设</td><td>受电工程施工</td><td>—</td></tr>
<tr><td>电网配套工程施工</td><td>60</td></tr>
<tr><td>竣工验收</td><td rowspan="3">5</td></tr>
<tr><td>装表</td></tr>
<tr><td>停（送）电计划制订</td></tr>
<tr><td rowspan="3">送电</td><td>供用电合同签订</td><td rowspan="3">5</td></tr>
<tr><td>调度协议签订</td></tr>
<tr><td></td><td>送电</td></tr>
<tr><td>工器具材料准备</td><td colspan="3">桌椅</td></tr>
<tr><td>学员准备及
场地布置</td><td colspan="3">（1）学员自备一套工装。
（2）学员独立完成</td></tr>
<tr><td>目标</td><td colspan="3">熟练掌握分布式电源并网服务报装流程与时限相关要求</td></tr>
</table>

二、实训考核评分标准

<table>
<tr><td colspan="2">姓名</td><td></td><td>工作单位</td><td colspan="3">供电公司　　　供电所</td><td rowspan="2">成绩</td><td></td></tr>
<tr><td colspan="2">考核时间</td><td></td><td>时间记录</td><td>开始时间　时　分</td><td colspan="2">结束时间　时　分</td><td></td></tr>
<tr><td colspan="2">项目名称</td><td colspan="7">充换电设施报装项目基本流程与时限</td></tr>
<tr><td colspan="2">考核任务</td><td colspan="7">①低压充换电设施报装项目基本流程与时限要求；②高压充换电设施报装项目基本流程与时限要求</td></tr>
<tr><td colspan="2">项目</td><td>考核内容</td><td>考核要求</td><td>配分</td><td>评分标准</td><td>扣分</td><td colspan="2">得分</td></tr>
<tr><td rowspan="2">低压</td><td>1.1</td><td>基本流程</td><td>掌握低压充换电设施报装项目操作流程</td><td>25</td><td>每一处不符合要求，扣5分，扣完为止</td><td></td><td colspan="2"></td></tr>
<tr><td>1.2</td><td>时限要求</td><td>掌握低压充换电设施报装项目操作流程考核时限要求</td><td>25</td><td>每一处不符合要求，扣5分，扣完为止</td><td></td><td colspan="2"></td></tr>
<tr><td>高压</td><td>2.1</td><td>基本流程</td><td>掌握高压充换电设施报装项目操作流程</td><td>25</td><td>每一处不符合要求，扣5分，扣完为止</td><td></td><td colspan="2"></td></tr>
</table>

续表

项目		考核内容	考核要求	配分	评分标准	扣分	得分
高压	2.2	时限要求	掌握高压充换电设施报装项目操作流程考核时限要求	25	每一处不符合要求，扣 5 分，扣完为止		
考评员记事							

说明：(1) 单项扣分以实际配分为限，超过部分（除安全外）不再扣负分。
(2) 最终成绩评分为实际操作得分

考评员签字：
____年____月____日

任务三　电压等级选择

一、实训任务书

<table>
<tr><td>项目名称</td><td>对新装、增容客户确定电压等级选择标准</td></tr>
<tr><td>实训内容</td><td>课时：2 学时。
内容：《国家电网公司业扩供电方案编制导则》</td></tr>
<tr><td>基本要求</td><td>1. 掌握《国家电网公司业扩供电方案编制导则》中电压等级选择的基本原则
<table>
<tr><th>供电电压等级</th><th>用电设备容量</th><th>受电变压器总容量</th></tr>
<tr><td>220V</td><td>10kW 及以下单相设备</td><td></td></tr>
<tr><td>380V</td><td>100kW 及以下</td><td>50kVA 及以下</td></tr>
<tr><td>10kV</td><td></td><td>50kVA～10MVA</td></tr>
<tr><td>35kV</td><td></td><td>5～40MVA</td></tr>
<tr><td>66kV</td><td></td><td>15～40MVA</td></tr>
<tr><td>110kV</td><td></td><td>20～100MVA</td></tr>
<tr><td>220kV</td><td></td><td>100MVA 及以上</td></tr>
</table>
2. 掌握《国家电网公司业扩供电方案编制导则》中电压等级选择的其他原则
(1) 无 35kV 电压等级的，10kV 电压等级受电变压器总容量为 50kVA～15MVA。
(2) 供电半径超过本级电压规定时，可按高一级电压供电。
(3) 具有冲击负荷、波动负荷、非对称负荷的客户，宜采用由系统变电所新建线路或提高电压等级供电的供电方式</td></tr>
<tr><td>工器具材料准备</td><td>桌椅、档案袋、范例资料</td></tr>
<tr><td>学员准备及场地布置</td><td>(1) 学员自备一套工装。
(2) 项目实施场地：客户服务实训室</td></tr>
<tr><td>目标</td><td>掌握确定新装、增容客户电压等级选择的技能</td></tr>
</table>

二、实训考核评分标准

<table>
<tr><td colspan="2">姓名</td><td></td><td>工作单位</td><td colspan="3">供电公司　　供电所</td><td rowspan="2">成绩</td><td colspan="2" rowspan="2"></td></tr>
<tr><td colspan="2">考核时间</td><td></td><td>时间记录</td><td>开始时间　　时　分</td><td colspan="2">结束时间　　时　分</td></tr>
<tr><td colspan="2">项目名称</td><td colspan="8">对新装、增容客户确定电压等级选择标准</td></tr>
<tr><td colspan="2">考核任务</td><td colspan="8">学习掌握《国家电网公司业扩供电方案编制导则》中电压等级选择原则</td></tr>
<tr><td colspan="2">项目</td><td>考核内容</td><td colspan="2">考核要求</td><td>配分</td><td colspan="2">评分标准</td><td>扣分</td><td>得分</td></tr>
<tr><td rowspan="2">确定原则学习</td><td>1</td><td>《编制导则》中电压等级选择的原则性规定</td><td colspan="2">正确掌握《编制导则》中电压等级选择的原则性规定</td><td>70</td><td colspan="2">每一处不符合要求，扣10分，扣完为止</td><td></td><td></td></tr>
<tr><td>2</td><td>《编制导则》中电压等级选择的其他原则</td><td colspan="2">对于35kV电压等级、供电半径超过本级电压等级及具有冲击、波动负荷等时的确定原则</td><td>15</td><td colspan="2">每一处不符合要求，扣5分，扣完为止</td><td></td><td></td></tr>
<tr><td>实例解答</td><td>3</td><td>实例考察掌握情况</td><td colspan="2">列举实例检验学员掌握情况，重点是各受电容量范围应选取的电压等级及其他情况时的选取原则</td><td>15</td><td colspan="2">每一处不符合要求扣5分，扣完为止</td><td></td><td></td></tr>
<tr><td colspan="2">考评员记事</td><td colspan="8"></td></tr>
</table>

说明：（1）单项扣分以实际配分为限，超过部分（除安全外）不再扣负分。
（2）最终成绩评分为实际操作得分

考评员签字：
____年____月____日

任务四　重要客户的甄别

一、实训任务书

项目名称	重要客户的甄别
实训内容	课时：2学时。 内容：①电监安全［2008］43号文的记忆；②根据用户实际性质判定重要用户等级
基本要求	1. 特级重要客户 是指在管理国家事务中具有特别重要作用，中断供电将可能危害国家安全的电力用户（如国务院，各国领事馆）。 2. 一级重要用户 是指中断供电将可能产生下列后果之一的（省/市政府，机场，大型医院）： （1）直接引发人身伤亡的。 （2）造成严重环境污染的。 （3）发生中毒、爆炸或火灾的。 （4）造成重大政治影响的。 （5）造成重大经济损失的。 （6）造成较大范围社会公共秩序严重混乱的。

续表

项目名称	重要客户的甄别
基本要求	3. 二级重要用户（污水处理厂，化工厂，中、小型医院） （1）造成较大环境污染的。 （2）造成较大政治影响的。 （3）造成较大经济损失的。 （4）造成一定范围社会公共秩序严重混乱的。 4. 临时性重要电力用户（地铁施工的基建项目，排水泵站） 是指需要临时特殊供电保障的电力用户
工器具材料准备	书桌、座椅
学员准备及场地布置	（1）学员自备文具。 （2）每位学员单独书桌、座椅。 （3）项目实施场地：客户服务实训室
目标	熟练掌握重要用户的分类和根据用户实际性质正确判断重要等级

二、实训考核评分标准

姓名			工作单位	供电公司			供电所	成绩	
考核时间			时间记录	开始时间	时　分	结束时间	时　分		
项目名称	重要客户的甄别								
考核任务	①电监安全［2008］43号文的记忆；②根据用户实际性质判定重要用户等级								

项目		考核内容	考核要求	配分	评分标准	扣分	得分
文件记忆	1.1	背诵特级重要客户性质	准确	5	正确得分，不正确不得分		
	1.2	背诵一级重要用户性质	准确	30	共6点，每一点不正确扣5分		
	1.3	背诵二级重要用户客户性质	准确	20	共4点，每一点不正确扣5分		
	1.4	背诵临时性重要电力用户性质	准确	5	正确得分，不正确不得分		
判定重要用户等级	2	判断重要用户等级	根据用户实际性质判定重要用户等级（国务院，各国领事馆，省/市政府，机场，大型医院，污水处理厂，化工厂，中、小型医院，地铁施工的基建项目，排水泵站）	40	判断错1个，扣4分，扣完为止		
考评员记事							

说明：（1）单项扣分以实际配分为限，超过部分（除安全外）不再扣负分。
（2）最终成绩评分为实际操作得分

考评员签字：
____年____月____日

实训情境二　用电业务受理

任务一　新建住宅负荷计算

一、实训任务书

<table>
<tr><td>项目名称</td><td>新建住宅负荷计算</td></tr>
<tr><td>实训内容</td><td>课时：1学时。
内容：①服务形象规范；②经济技术指标的识取；③新建住宅用电负荷的计算；④公用变压器容量配置</td></tr>
<tr><td>基本
要求</td><td>1. 服务形象规范
着装统一、整洁、得体；仪容自然、端庄、大方；微笑适时适度，尊敬友善；眼神神情专注，正视对方。
2. 经济技术指标的识取
能看懂建筑总平面布置图中技术经济指标数据，会区分住宅用电、公共配套用电、商业配套面积识取。
3. 新建住宅用电负荷的计算
根据住宅户型面积计算用电负荷。居住区住宅以及公共服务设施用电容量的确定应综合考虑所在城市的性质、社会经济、气候、民族、习俗及家庭能源使用的种类，同时满足应急照明和消防设施要求。
根据不同地域的要求进行统计计算，如××省规定：建筑面积在60m² 及以下的住宅用电每户容量不宜小于4kW；建筑面积在60m² 及以上、150m² 以下的住宅用电每户容量不宜小于8kW；建筑面积在150m² 以上，用电负荷宜按不小于50W/m² 计算。
居住区内公共设施负荷按实际设备容量计算，设备容量不明确时，按负荷密度估算：物业管理类60～100W/m²；商业（会所）类100～150W/m²。计算公式如下
$$P_j = \frac{P_i N_i}{1000}$$
式中　P_j——计算用电负荷；
P_i——每户用电负荷；
N_i——户型户数。
4. 公用变压器容量配置
根据计算用电负荷计算公用变压器容量配置。配电变压器容量的配置系数，应根据住宅面积和各地区用电水平，由各省（自治区、直辖市）电力公司确定。
如××省规定：住宅小区公用变压器安装容量宜按不小于0.5的配置系数配置；公共设施需用专用变压器容量宜按1.0的配置系数配置。计算公式如下
$$S_j = P_j K$$
式中　S_j——变压器配置容量；
P_j——计算用电负荷；
K——变压器配置系数。</td></tr>
<tr><td>工器具材料准备</td><td>座椅、建筑总平面图、草稿纸、计算器、文具等</td></tr>
<tr><td>学员准备及
场地布置</td><td>（1）学员自备一套工装。
（2）学员独立完成。
（3）项目实施场地：客户服务实训室</td></tr>
<tr><td>目标</td><td>掌握建筑总平面布置图中经济技术指标的读取、新建住宅用电负荷的计算方法</td></tr>
</table>

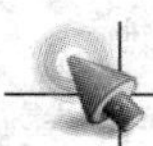

二、实训考核评分标准

<table>
<tr><td>姓名</td><td colspan="2"></td><td>工作单位</td><td colspan="3">供电公司　　供电所</td><td colspan="2">成绩</td></tr>
<tr><td>考核时间</td><td colspan="2"></td><td>时间记录</td><td colspan="3">开始时间　时　分　结束时间　时　分</td><td colspan="2"></td></tr>
<tr><td>项目名称</td><td colspan="8">业务受理（新建住宅负荷计算）</td></tr>
<tr><td>考核任务</td><td colspan="8">①服务形象规范；②经济技术指标的识取；③新建住宅用电负荷的计算；④公用变压器容量配置</td></tr>
<tr><td colspan="2">项目</td><td>考核内容</td><td colspan="2">考核要求</td><td>配分</td><td>评分标准</td><td>扣分</td><td>得分</td></tr>
<tr><td rowspan="3">服务形象规范</td><td>1.1</td><td>着装规范</td><td colspan="2">应保持服装整洁、完好、无污渍，服装、鞋袜、领带（领结）要协调统一、搭配合理</td><td>5</td><td>每一处不符合要求，扣1分，扣完为止</td><td></td><td></td></tr>
<tr><td>1.2</td><td>仪容规范</td><td colspan="2">自然大方，恰到好处，头发应梳理整齐，不染彩色头发。颜面和手臂保持清洁，不留长指甲，不染彩色指甲，不佩戴夸张饰物</td><td>5</td><td>每一处不符合要求，扣1分，扣完为止</td><td></td><td></td></tr>
<tr><td>1.3</td><td>精神面貌</td><td colspan="2">面带微笑，精神饱满、神采奕奕、健康向上</td><td>5</td><td>每一处不符合要求，扣1分，扣完为止</td><td></td><td></td></tr>
<tr><td rowspan="5">经济技术指标的识取</td><td>2.1</td><td>图纸识取</td><td colspan="2">能正确找到图纸中经济技术指标表的位置，并在图纸中圈出</td><td>5</td><td>未圈出，扣完</td><td></td><td></td></tr>
<tr><td>2.2</td><td>总建筑面积识取</td><td colspan="2">在答题卡上填写该项目总建筑面积</td><td>10</td><td>未填写正确，扣完</td><td></td><td></td></tr>
<tr><td>2.3</td><td>住宅面积识取</td><td colspan="2">在答题卡上填写该项目住宅面积</td><td>10</td><td>未填写正确，扣完</td><td></td><td></td></tr>
<tr><td>2.4</td><td>公共配套面积识取</td><td colspan="2">在答题卡上填写该项目公用建筑面积</td><td>10</td><td>未填写正确，扣完</td><td></td><td></td></tr>
<tr><td>2.5</td><td>商业配套面积识取</td><td colspan="2">在答题卡上填写该项目配套设施面积</td><td>10</td><td>未填写正确，扣完</td><td></td><td></td></tr>
<tr><td rowspan="2">住宅负荷计算</td><td>3.1</td><td>户型户数统计</td><td colspan="2">在答题卡上填写该项目户型户数统计表</td><td>15</td><td>每一处统计错误，扣2分，扣完为止</td><td></td><td></td></tr>
<tr><td>3.2</td><td>住宅容量计算</td><td colspan="2">在答题卡上填写该项目住宅用电容量计算过程及总计算负荷</td><td>10</td><td>每一处统计或计算错误，扣2分，扣完为止</td><td></td><td></td></tr>
<tr><td>变压器容量确定</td><td>4.1</td><td>公用变压器容量确定</td><td colspan="2">在答题卡上填写该项目公用变压器容量确定的计算过程及总容量</td><td>15</td><td>计算错误或配置系数引用错误，扣完</td><td></td><td></td></tr>
<tr><td>考评员记事</td><td colspan="8"></td></tr>
</table>

说明：（1）单项扣分以实际配分为限，超过部分（除安全外）不再扣负分。

（2）最终成绩评分为实际操作得分

考评员签字：

____年____月____日

三、实训答题卡

<table>
<tr><td>姓名</td><td></td><td>工作单位</td><td colspan="3">供电公司</td><td>供电所</td><td rowspan="2">成绩</td><td rowspan="2"></td></tr>
<tr><td>考核时间</td><td></td><td>时间记录</td><td>开始时间</td><td>时　分</td><td>结束时间</td><td>时　分</td></tr>
<tr><td>项目名称</td><td colspan="8">业务受理（新建住宅负荷计算）</td></tr>
<tr><td colspan="7">该项目总建筑面积：
________ m²</td><td colspan="2"></td></tr>
<tr><td colspan="7">该项目住宅面积：
________ m²</td><td colspan="2"></td></tr>
<tr><td colspan="7">该项目公共配套面积：
________ m²</td><td colspan="2"></td></tr>
<tr><td colspan="7">该项目商业配套面积：
________ m²</td><td colspan="2"></td></tr>
<tr><td colspan="7">该项目户型户数统计表：
60m² 及以下____套
61～150m² ____套
150m² 以上____套
总户数____套</td><td colspan="2"></td></tr>
<tr><td colspan="7">该项目住宅用电容量计算过程及总计算负荷：
________ kW</td><td colspan="2"></td></tr>
<tr><td colspan="7">该项目公用变压器容量确定的计算过程及总容量（功率因数按 1.0 考虑）
________ kVA</td><td colspan="2"></td></tr>
<tr><td colspan="9">说明：（1）单项扣分以实际配分为限，超过部分（除安全外）不再扣负分。
（2）最终成绩评分为实际操作得分</td></tr>
</table>

四、相关表单

总技术经济指标

项　目　名　称	总　指　标
总用地面积	17799.98m²（26.70 亩）
代征面积	770.06m²（1.15 亩）

续表

项目名称			总指标
净用地面积			17029.92m^2（25.55亩）
基底面积			8755.56m^2
总建筑面积			133644.92m^2
其中	住宅		62570.5m^2
	其中	60m^2及以下	133套
		61～150m^2	312套
		150m^2以上	96套
	商业		27542.53m^2
	酒店		9624.84m^2
	办公		32605.47m^2
	公共配套		1301.58m^2
地下室面积			11585.4m^2
容积率			7.85
建筑密度			51.41%
户数			541
人数			1730
车位			324
其中	地上停车		131
	地下停车		193

任务二　专用变压器负荷计算

一、实训任务书

项目名称	专用变压器负荷计算
实训内容	课时：2学时。 内容：①服务形象规范；②专用变压器负荷计算
基本要求	1. 服务形象规范 着装统一、整洁、得体；仪容自然、端庄、大方；微笑适时适度，尊敬友善；眼神神情专注，正视对方。 2. 专用变压器负荷计算 根据客户用电申请及负荷统计表估算专用变压器报装容量是否合理，并判断是否应配置应急电源。 （1）设备容量不明确时，按负荷密度估算：物业管理类60～100W/m^2；商业（会所）类100～150W/m^2。 （2）根据已知条件：如一级负荷、二级负荷、三级负荷的容量及需用系数计算主（备）供容量，根据一级负荷中特别重要的负荷容量计算应配置应急电源的容量。 1）主供容量。 a. 主供容量至少应包括所有一级负荷、二级负荷、三级负荷的容量总和。 b. 一般情况下考虑到设备功率因数及变压器经济运行值均在0.8左右，计算时相抵，因此，不需参与计算过程。计算公式如下 $$S_{js}=P_1K_1+P_2K_2+P_nK_n$$ 式中　S_{js}——计算容量； P——设备功率； K——需用系数。

续表

项目名称	专用变压器负荷计算
基本要求	2）备供容量。备供容量至少应包括所有一级负荷、二级负荷的容量总和（计算公式同上）。 3）自备应急电源容量。自备应急电源容量至少应包括一级负荷中的特别重要负荷，再放大一定安全系数（根据电监安全［2008］43号文件）。计算公式如下 $$S_{js}=1.2P_nK_n$$
工器具材料准备	座椅、已知条件、建筑总平面图、草稿纸、计算器、文具等
学员准备及场地布置	（1）学员自备一套工装。 （2）学员独立完成。 （3）项目实施场地：客户服务实训室
目标	掌握专用变压器负荷的计算方法

二、实训考核评分标准

<table>
<tr><td>姓名</td><td colspan="2"></td><td>工作单位</td><td colspan="2">供电公司</td><td>供电所</td><td rowspan="2">成绩</td><td></td></tr>
<tr><td>考核时间</td><td colspan="2"></td><td>时间记录</td><td>开始时间</td><td>时 分</td><td>结束时间</td><td>时 分</td></tr>
<tr><td>项目名称</td><td colspan="8">业务受理（新建住宅负荷计算）</td></tr>
<tr><td>考核任务</td><td colspan="8">①服务形象规范；②经济技术指标的识取；③新建住宅用电负荷的计算；④公用变压器容量配置</td></tr>
<tr><td colspan="2">项目</td><td>考核内容</td><td>考核要求</td><td>配分</td><td>评分标准</td><td>扣分</td><td>得分</td><td></td></tr>
<tr><td rowspan="3">服务形象规范</td><td>1.1</td><td>着装规范</td><td>应保持服装整洁、完好、无污渍，服装、鞋袜、领带（领结）要协调统一、搭配合理</td><td>5</td><td>每一处不符合要求，扣1分，扣完为止</td><td></td><td></td><td></td></tr>
<tr><td>1.2</td><td>仪容规范</td><td>自然大方，恰到好处，头发应梳理整齐，不染彩色头发。颜面和手臂保持清洁，不留长指甲，不染彩色指甲，不佩戴夸张饰物</td><td>5</td><td>每一处不符合要求，扣1分，扣完为止</td><td></td><td></td><td></td></tr>
<tr><td>1.3</td><td>精神面貌</td><td>面带微笑，精神饱满、神采奕奕、健康向上</td><td>5</td><td>每一处不符合要求，扣1分，扣完为止</td><td></td><td></td><td></td></tr>
<tr><td rowspan="3">专变负荷计算</td><td>2.1</td><td>主供容量</td><td>经过计算在答题卡上填写计算后的主供电源容量</td><td>30</td><td>每一处统计错误，扣5分，扣完为止</td><td></td><td></td><td></td></tr>
<tr><td>2.2</td><td>备供容量</td><td>经过计算在答题卡上填写计算后的备供电源容量</td><td>30</td><td>每一处统计错误，扣5分，扣完为止</td><td></td><td></td><td></td></tr>
<tr><td>2.3</td><td>应配置发电机容量</td><td>经过计算在答题卡上填写计算后的应配置发电机容量</td><td>25</td><td>每一处统计或计算错误，扣5分，扣完为止</td><td></td><td></td><td></td></tr>
<tr><td>考评员记事</td><td colspan="8"></td></tr>
</table>

说明：（1）单项扣分以实际配分为限，超过部分（除安全外）不再扣负分。
（2）最终成绩评分为实际操作得分

考评员签字：
____年____月____日

三、实训答题卡

<table>
<tr><td>姓名</td><td></td><td>工作单位</td><td colspan="4">供电公司 供电所</td><td rowspan="2">成绩</td><td rowspan="2"></td></tr>
<tr><td>考核时间</td><td></td><td>时间记录</td><td>开始时间</td><td>时 分</td><td>结束时间</td><td>时 分</td></tr>
<tr><td>项目名称</td><td colspan="8">业务受理（专变负荷计算）</td></tr>
<tr><td colspan="7">主供容量计算过程：

______________ kVA</td><td colspan="2"></td></tr>
<tr><td colspan="7">备供容量计算过程：

______________ kVA</td><td colspan="2"></td></tr>
<tr><td colspan="7">应配置应急电源容量计算过程：

______________ kW</td><td colspan="2"></td></tr>
<tr><td colspan="9">说明：(1) 单项扣分以实际配分为限，超过部分（除安全外）不再扣负分。
(2) 最终成绩评分为实际操作得分</td></tr>
</table>

四、相关表单

某商业综合体项目用电负荷计算统计表

负荷分级	用电设备及总功率		需用系数	备注
三级	1～6F 普通照明	220kW	0.75	一般
	7～12F 普通照明	200kW	0.8	一般
	13～19F 普通照明	240kW	0.8	一般
	中央空调动力	2100kW	0.6	一般
	普通水泵	180kW	0.7	一般
二级	楼道照明	50kW	0.5	一般
	换风风机动力	320kW	0.75	一般
	普通客梯	250kW	0.5	一般
一级	排烟风机动力	100kW	1.0	特别重要
	消防电梯	125kW	1.0	特别重要
	消防水泵	90kW	1.0	特别重要
	应急照明	30kW	1.0	特别重要
	安防监控系统	60kW	1.0	特别重要
	电子信息机房	30kW	0.75	一般

任务三　高可靠性供电费计算

一、实训任务书

项目名称	高可靠性供电费计算
实训内容	课时：2 学时。 内容：①全架空；②全电缆；③架空、电缆混合
基本要求	1. 高可靠费用收取范围 对申请新装及增加用电容量的两回及以上多回路供电（含备用电源、保安电源）用电户，除一条最大供电容量的供电回路和用户内部没有电气连接的两回及以上多供电回路外，对其余供电回路可按双方约定的供电容量收取高可靠性供电费用。 2. 高可靠费用收取标准 （1）全架空。 1）10kV 的项目。 自建线路：160 元/kVA　　非自建线路：220 元/kVA 2）20kV 的项目。 自建线路：125 元/kVA　　非自建线路：195 元/kVA 3）35kV 的项目。 自建线路：90 元/kVA　　非自建线路：170 元/kVA 4）110、220kV 的项目。 自建线路：10 元/kVA　　非自建线路：90 元/kVA （2）全电缆。 1）10kV 的项目。 自建线路：210 元/kVA　　非自建线路：285 元/kVA 2）20kV 的项目。 自建线路：160 元/kVA　　非自建线路：250 元/kVA 3）35kV 的项目。 自建线路：115 元/kVA　　非自建线路：220 元/kVA 4）110、220kV 的项目。 自建线路：10 元/kVA　　非自建线路：115 元/kVA （3）架空、电缆混合。对用户采取架空线和地下电缆混合供电的，按各线路长度加权平均计算高可靠性供电费用
工器具材料准备	书桌、座椅
学员准备及场地布置	（1）学员自备文具。 （2）每位学员单独书桌、座椅。 （3）项目实施场地：客户服务实训室
目标	掌握各类工程的高可靠性供电费收费标准和计算方法

二、实训考核评分标准

姓名		工作单位		供电公司		供电所	成绩	
考核时间		时间记录	开始时间	时　分	结束时间	时　分		
项目名称	高可靠性供电费计算							
考核任务	主要培养学员掌握各类工程的高可靠性供电费收费标准和计算方法。具体实训内容包括：①全架空；②全电缆；③架空、电缆混合							

续表

项目		考核内容	考核要求	配分	评分标准	扣分	得分
政策理解	1.1	高可靠费用收取范围	概念的背诵	10	正确得分，不正确不得分		
	1.2	全架空线路的高可靠费用收取标准	双回以上多供电回路项目各电压等级的全架空线项目，高可靠费用的收取标准	16	共8点，每一点不正确扣2分		
	1.3	全电缆线路的高可靠费用收取标准	双回以上多供电回路项目各电压等级的全电缆线项目，高可靠费用的收取标准	16	共8点，每一点不正确扣2分		
	1.4	架空、电缆混合线路的高可靠费用收取标准	计算方法	10	正确得分，不正确不得分		
具体计算	2	高可靠费用计算	根据线路类型的高可靠费用收取标准，计算各种电压等级下的项目高可靠费用（举4个例子进行计算，每1个电压等级出1题）	48	每1个题计算不正确，扣12分，扣完为止		
考评员记事							

说明：（1）单项扣分以实际配分为限，超过部分（除安全外）不再扣负分。
（2）最终成绩评分为实际操作得分

考评员签字：
____年____月____日

实训情境三　业扩报装服务规范与技巧

任务一　沟通技巧与应急处理

一、实训任务书

项目名称	客户服务沟通技巧与突发事件应急处理
实训内容	课时：4学时。 内容：①营业厅基本服务规范；②服务语言规范；③服务沟通技巧；④服务应急处理
基本要求	1. 营业厅基本服务规范 （1）统一着装，挂牌上岗。 （2）仪容仪表大方得体。 （3）行为举止自然、文雅、端庄，精神饱满。 （4）使用普通话服务，并按标准的服务用语应答

续表

项目名称	客户服务沟通技巧与突发事件应急处理
基本要求	2. 服务语言规范 （1）礼貌用语：语言表达准确简洁；语音语调亲切诚恳；说话时要保持微笑。 （2）服务规范用语：能根据不同的服务情境准确规范使用服务用语。 3. 服务沟通技巧 （1）“望”——观察的技巧：观察客户要求目光敏锐、行动迅速；感情投入就能理解一切；对不同类型的客户采用不同的服务方法。 （2）“闻”——听的技巧：诚恳的倾听态度；积极的倾听姿势；不要随意打断客户；做好笔记，提炼要点；听出客户情绪。 （3）“问”——提问的技巧：开放式提问，向客户敞开大门，引发应答思路；针对式提问，核实关键细节；澄清式提问，澄清事实；征询式提问，提供初步解决方案；封闭式提问，结束谈话。 （4）“切”——应答的技巧：不同的说法，会产生截然不同的效果；引导客户的应答；解决问题的应答；维护企业形象的应答；客户喜欢的“说法”。 （5）处理沟通异议：处理异议时，态度要表现出具有“同理心”。 4. 服务应急处理 （1）突发事件应急处理的5S原则：承担责任；真诚沟通；速度第一；系统运行；权威证实。 （2）突发事件处理规范：面对常见的九种突发事件，如出现情绪激动、言辞过激或群访客户；营业窗口客户数量陡增；遇营销服务设备故障，营销业务不能办理；客户在营业场所发生意外伤害；客户之间发生纠纷，影响营业窗口正常秩序；为老弱病残、行动不方便的客户提供服务；营业窗口发生抢劫、人为伤害等危及人身安全的事件；新闻媒体突击采访；神秘暗访，能熟练运用处理技巧与规范
工器具材料准备	咨询引导区、业务受理区、缴费区、自助服务区、客户休息区等
学员准备及场地布置	（1）学员自备一套工装。 （2）四名学员组成一个任务小组。 （3）项目实施场地：客户服务实训室
目标	熟练掌握与客户交流时的沟通技巧与应急处理技能

二、实训考核评分标准

<table>
<tr><td colspan="2">姓名</td><td></td><td>工作单位</td><td colspan="3">供电公司</td><td>供电所</td><td rowspan="2">成绩</td><td></td></tr>
<tr><td colspan="2">考核时间</td><td></td><td>时间记录</td><td>开始时间</td><td>时　分</td><td>结束时间</td><td>时　分</td><td></td></tr>
<tr><td colspan="2">项目名称</td><td colspan="8">营业厅及现场沟通技巧与应急处理</td></tr>
<tr><td colspan="2">工作任务</td><td colspan="8">①营业厅基本服务规范；②服务语言规范；③服务沟通技巧；④服务应急处理</td></tr>
<tr><td colspan="2">项目</td><td>考核内容</td><td colspan="2">考核要求</td><td>配分</td><td colspan="2">评分标准</td><td>扣分</td><td>得分</td></tr>
<tr><td>服务行为规范</td><td>1.1</td><td>营业厅基本服务行为规范</td><td colspan="2">（1）统一着装，挂牌上岗。
（2）仪容仪表大方得体。
（3）行为举止自然、文雅、端庄，精神饱满。
（4）使用普通话服务。
（5）按标准的服务用语应答</td><td>5</td><td colspan="2">每一处不符合要求，扣1分，扣完为止</td><td></td><td></td></tr>
</table>

续表

项目		考核内容	考核要求	配分	评分标准	扣分	得分
服务语言规范	2.1	礼貌用语	（1）语言表达准确简洁。 （2）语音语调亲切诚恳。 （3）说话时要保持微笑	10	每一处不符合要求，扣2分，扣完为止		
	2.2	服务规范用语	能根据不同的服务情境准确规范使用服务用语	15	每一处不符合要求，扣1分，扣完为止		
沟通技巧	3.1	服务沟通技巧	能根据不同类型的客户，熟练应用“望闻听切”服务技巧（考评员会模拟某种类型的客户）	13	每一处不符合要求，扣1分，扣完为止		
服务应急处理	4.1	处理原则	准确回答突发事件应急处理的5S原则	2	每一处不符合要求，扣0.5分，扣完为止		
	4.2	突发事件处理规范	（1）出现情绪激动、言辞过激或群访客户：主动上前询问，及时处理和解决	5	每一处不符合要求，扣1分，扣完为止		
			（2）营业窗口客户数量陡增：立即开启备用收费柜台，积极引导、安抚客户，维持现场秩序	5	每一处不符合要求，扣1分，扣完为止		
			（3）遇营销服务设备故障，营销业务不能办理：向客户道歉，说明情况，安抚客户情绪，立即处理	5	每一处不符合要求，扣1分，扣完为止		
			（4）客户在营业场所发生意外伤害：根据情况严重程度，立即联系相关部门组织急救	5	每一处不符合要求，扣1分，扣完为止		
			（5）客户之间发生纠纷，影响营业窗口正常秩序：营业人员不得参与其中，由保安人员出面劝解；发生人员伤亡等紧急事件时，立即联系相关部门组织急救	5	每一处不符合要求，扣1分，扣完为止		
			（6）为老弱病残、行动不方便的客户提供服务：主动给予特别的照顾和帮助	5	每一处不符合要求，扣1分，扣完为止		
			（7）营业窗口发生抢劫、人为伤害等危及人身安全的事件：协助客户疏散，保护客户和自身安全，伺机报警	5	每一处不符合要求，扣1分，扣完为止		
			（8）新闻媒体应对规范：按照10项要求完成新闻媒体接待工作	10	每一处不符合要求，扣1分，扣完为止		
			（9）暗访应对规范：准确识别暗访者；按照沉着冷静，热情服务，认真准确回答、服务周到原则应对暗访工作	10	每一处不符合要求，扣2.5分，扣完为止		
考评员记事							

说明：（1）单项扣分以实际配分为限，超过部分（除安全外）不再扣负分。
（2）最终成绩评分为实际操作得分

考评员签字：

____年____月____日

第二部分

客户经理实训指导

第一篇　客户经理实训指导（初级）

实训情境一　业扩报装基础知识

任务一　低压新装（增容）报装流程与时限

一、实训任务书

项目名称	低压新装（增容）报装流程与时限
实训内容	课时：2 学时。 内容：①低压居民新装（增容）报装流程；②低压非居民新装（增容）报装流程；③低压居民新装（增容）报装流程时限要求；④低压非居民新装（增容）报装流程时限要求
基本要求	1. 低压居民新装（增容）报装流程 低压居民新装（增容）业务实行勘查装表“一岗制”作业，具备直接装表条件的，勘查确定供电方案后当场装表接电；不具备直接装表条件的，现场勘查时答复供电方案，由勘查人员同步提供设计简图和施工要求，根据与客户约定时间或电网配套工程竣工当日装表接电。 2. 低压非居民新装（增容）报装流程 对于无电网配套工程的，在正式受理申请后，现场勘查时答复供电方案，同时完成供用电合同拟定、装表、送电工作。 对于有电网配套工程的客户，在供电方案答复后，完成电网配套工程建设，工程完工当日送电。 3. 低压居民新装（增容）报装流程时限要求 （1）对于具备直接装表条件的，2 个工作日完成送电工作。 （2）对于有电网配套工程的居民客户，在供电方案答复后，3 个工作日内完成电网配套工程建设，工程完工当日送电。 4. 低压非居民新装（增容）报装流程时限要求 （1）对于有电网配套工程的客户，在供电方案答复后，5 个工作日内完成电网配套工程建设，工程完工当日送电。 （2）对于无电网配套工程的，在受理申请后，3 个工作日内送电
工器具材料准备	桌椅
学员准备及场地布置	（1）学员自备一套工装。 （2）学员独立完成
目标	熟练掌握低压新装（增容）报装流程与时限相关要求

二、实训考核评分标准

<table>
<tr><td>姓名</td><td></td><td>工作单位</td><td colspan="3">供电公司</td><td>供电所</td><td rowspan="2">成绩</td><td rowspan="2"></td></tr>
<tr><td>考核时间</td><td></td><td>时间记录</td><td>开始时间</td><td>时　分</td><td>结束时间</td><td>时　分</td></tr>
<tr><td>项目名称</td><td colspan="8">低压新装（增容）报装流程与时限</td></tr>
<tr><td>考核任务</td><td colspan="8">①低压居民新装（增容）报装流程；②低压非居民新装（增容）报装流程；③低压居民新装（增容）报装流程时限要求；④低压非居民新装（增容）报装流程时限要求</td></tr>
</table>

<table>
<tr><td colspan="2">项目</td><td>考核内容</td><td>考核要求</td><td>配分</td><td>评分标准</td><td>扣分</td><td>得分</td></tr>
<tr><td rowspan="2">低压居民</td><td>1.1</td><td>具备装表条件</td><td>掌握低压居民新装（增容）具备装表条件的操作流程</td><td>10</td><td>每一处不符合要求，扣5分，扣完为止</td><td></td><td></td></tr>
<tr><td>1.2</td><td>不具备装表条件</td><td>掌握低压居民新装（增容）不具备装表条件的操作流程</td><td>15</td><td>每一处不符合要求，扣5分，扣完为止</td><td></td><td></td></tr>
<tr><td rowspan="2">低压非居民</td><td>2.1</td><td>无电网配套工程</td><td>掌握低压非居民新装（增容）无电网配套工程的操作流程</td><td>10</td><td>每一处不符合要求，扣5分，扣完为止</td><td></td><td></td></tr>
<tr><td>2.2</td><td>有电网配套工程</td><td>掌握低压非居民新装（增容）有电网配套工程的操作流程</td><td>15</td><td>每一处不符合要求，扣5分，扣完为止</td><td></td><td></td></tr>
<tr><td rowspan="2">低压居民流程时限</td><td>3.1</td><td>具备装表条件</td><td>掌握低压居民新装（增容）具备装表条件的流程时限要求</td><td>10</td><td>每一处不符合要求，扣5分，扣完为止</td><td></td><td></td></tr>
<tr><td>3.2</td><td>不具备装表条件</td><td>掌握低压居民新装（增容）不具备装表条件的流程时限要求</td><td>15</td><td>每一处不符合要求，扣2分，扣完为止</td><td></td><td></td></tr>
<tr><td rowspan="2">低压非居民流程时限</td><td>4.1</td><td>无电网配套工程</td><td>掌握低压非居民新装（增容）无电网配套工程的流程时限要求</td><td>10</td><td>每一处不符合要求，扣5分，扣完为止</td><td></td><td></td></tr>
<tr><td>4.2</td><td>有电网配套工程</td><td>掌握低压非居民新装（增容）有电网配套工程的流程时限要求</td><td>15</td><td>每一处不符合要求，扣5分，扣完为止</td><td></td><td></td></tr>
<tr><td colspan="2">考评员记事</td><td colspan="6"></td></tr>
</table>

说明：（1）单项扣分以实际配分为限，超过部分（除安全外）不再扣负分。

（2）最终成绩评分为实际操作得分

考评员签字：

___年___月___日

任务二　对客户新装、增容客户确定电价执行标准

一、实训任务书

<table>
<tr><td>项目名称</td><td>对新装、增容客户确定电价执行标准</td></tr>
<tr><td>实训内容</td><td>课时：2学时。
内容：①《电力法》中电价有关规定、国家发改委、地方物价管理部门有关电价政策文件；②实例讲解</td></tr>
<tr><td>基本要求</td><td>1. 掌握《电力法》中电价政策的原则性规定
第三十五条规定：电价实行统一政策，统一定价原则，分级管理。
第四十一条规定：国家实行分类电价和分时电价。
第四十三条规定：任何单位不得超越电价管理权限制定电价。供电企业不得擅自变更电价。
2. 地方物价管理部门出台的具体电价政策
（1）电价分类、单一制电价、两部制电价、分时电价、力率调整标准、阶梯电价等通行政策。
（2）电铁、电厂、充换电设施等特批电价政策</td></tr>
<tr><td>工器具材料准备</td><td>桌椅、安装SG186营销信息系统计算机、档案袋</td></tr>
<tr><td>学员准备及场地布置</td><td>（1）学员自备一套工装。
（2）项目实施场地：客户服务实训室</td></tr>
<tr><td>目标</td><td>掌握确定新装、增容客户电价执行标准的技能</td></tr>
</table>

二、实训考核评分标准

<table>
<tr><td colspan="2">姓名</td><td></td><td>工作单位</td><td colspan="3">供电公司</td><td>供电所</td><td rowspan="2">成绩</td><td rowspan="2"></td></tr>
<tr><td colspan="2">考核时间</td><td></td><td>时间记录</td><td>开始时间</td><td>时　分</td><td>结束时间</td><td>时　分</td></tr>
<tr><td colspan="2">项目名称</td><td colspan="8">对新装、增容客户确定电价执行标准</td></tr>
<tr><td colspan="2">考核任务</td><td colspan="8">学习掌握《电力法》中电价有关规定、国家发展委、地方物价管理部门有关电价政策文件</td></tr>
<tr><td colspan="2">项目</td><td>考核内容</td><td colspan="2">考核要求</td><td>配分</td><td colspan="2">评分标准</td><td>扣分</td><td>得分</td></tr>
<tr><td rowspan="2">政策学习</td><td>1</td><td>《电力法》中电价政策的原则性规定</td><td colspan="2">正确掌握《电力法》中电价政策的原则性规定</td><td>30</td><td colspan="2">每一处不符合要求，扣10分，扣完为止</td><td></td><td></td></tr>
<tr><td>2</td><td>国家发改委、地方物价管理部门出台的具体电价政策</td><td colspan="2">正确掌握国家发改委、地方物价管理部门出台的具体电价政策</td><td>70</td><td colspan="2">每一处不符合要求，扣10分，扣完为止</td><td></td><td></td></tr>
<tr><td colspan="2">考评员记事</td><td colspan="8"></td></tr>
</table>

说明：（1）单项扣分以实际配分为限，超过部分（除安全外）不再扣负分。
（2）最终成绩评分为实际操作得分

考评员签字：
____年____月____日

任务三　对客户新装、增容供用电设施确定产权分界点

一、实训任务书

<table>
<tr><td>项目名称</td><td>对客户新装、增容供用电设施确定产权分界点</td></tr>
<tr><td>实训内容</td><td>课时：2学时。
内容：①《电力法》、《供电营业规则》中确定产权分界点的原则；②供用电设施资产移交对产权分界点的影响；③实例讲解</td></tr>
<tr><td>基本要求</td><td>1. 掌握《电力法》、《供电营业规则》中确定产权分界点的原则
《电力法》第十三条规定：电力投资者对其投资形成的电力，享有法定权益。
《供电营业规则》第四十七条规定：供电设施的运行维护管理范围，按产权归属确定。责任分界点按下列各项确定：
（1）公用低压线路供电的，以供电接户线用户端最后支持物为分界点，支持物属供电企业。
（2）10kV及以下公用高压线路供电的，以用户的厂界外或配电室前的第一断路器或第一支持物为分界点，第一断路器或第一支持物属供电企业。
（3）35kV及以上公用高压线路供电的，以用户厂界外或用户变电所外第一基电杆为分界点。第一基电杆属供电企业。
（4）采用电缆供电的，本着便于维护管理的原则，分界点由供电企业与用户协商确定。
（5）产权属于用户且由用户运行维护的线路，以公用线路支杆或专用线接引的公用变电所外第一基电杆为分界点，专用线路第一电杆属用户。在电气上的具体分界点，由供用双方协商确定。
2. 供用电设施资产移交对产权分界点的影响
由客户投资，基于供用电双方平等协商达成一致，客户自愿无偿移交供用电设施的，产权分界点相应变更</td></tr>
<tr><td>工器具材料准备</td><td>桌椅、安装SG186营销信息系统计算机、档案袋</td></tr>
<tr><td>学员准备及场地布置</td><td>（1）学员自备一套工装。
（2）项目实施场地：客户服务实训室</td></tr>
<tr><td>目标</td><td>掌握确定客户新装、增容供用电设施产权分界点的技能</td></tr>
</table>

二、实训考核评分标准

<table>
<tr><td>姓名</td><td></td><td>工作单位</td><td colspan="3">供电公司</td><td>供电所</td><td rowspan="2">成绩</td><td rowspan="2" colspan="2"></td></tr>
<tr><td>考核时间</td><td></td><td>时间记录</td><td>开始时间</td><td>时　分</td><td>结束时间</td><td>时　分</td></tr>
<tr><td>项目名称</td><td colspan="9">对客户新装、增容供用电设施确定产权分界点</td></tr>
<tr><td>考核任务</td><td colspan="9">《电力法》、《供电营业规则》中确定产权分界点的原则掌握情况</td></tr>
<tr><td>项目</td><td>考核内容</td><td colspan="3">考核要求</td><td>配分</td><td colspan="2">评分标准</td><td>扣分</td><td>得分</td></tr>
<tr><td>政策学习</td><td>《电力法》、《供电营业规则》中确定产权分界点的原则</td><td colspan="3">正确掌握《电力法》、《供电营业规则》中确定产权分界点的原则</td><td>100</td><td colspan="2">每一处不符合要求，扣10分，扣完为止</td><td></td><td></td></tr>
<tr><td>考评员记事</td><td colspan="9"></td></tr>
</table>

说明：（1）单项扣分以实际配分为限，超过部分（除安全外）不再扣负分。
（2）最终成绩评分为实际操作得分

考评员签字：
____年____月____日

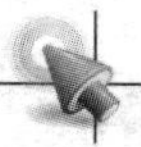

实训情境二　供电方案答复

任务一　低压居民新装（增容）现场勘查与送电

一、实训任务书

项目名称	低压居民新装（增容）业务现场勘查与送电
实训内容	课时：2 学时。 内容：①现场勘查服务规范；②现场勘查主要工作内容；③供电方案答复；④电网配套工程实施；⑤供用电合同签订；⑥装表送电；⑦相关表单填写；⑧SG186 营销信息系统流程操作；⑨资料归档
基本要求	（1）现场勘查服务规范：符合现场着装规范、佩戴工作牌、符合基本服务礼仪与规范。 （2）现场勘查及供电方案的主要工作内容：对申请新装、增容用电的居民客户，应核定用电容量，确认供电电压，计量装置配置，接户线的路径、长度。根据核定的情况制定供电方案，方案包括供电电源、供电电压、供电容量、计量方案、计费方案等。对不具备供电条件的应在勘查意见中说明原因，并向客户做好解释工作。如存在违约用电、窃电嫌疑等异常情况，勘查人员应做好现场记录，及时报相关职责部门，并暂缓办理该客户用电业务。在违约用电、窃电嫌疑排查处理完毕后重新启动业扩报装流程。 （3）供电方案答复：根据现场勘查结果、电网规划、用电需求及当地供电条件等因素，经过技术经济比较、与客户协商一致后，拟定供电方案答复单。 （4）电网配套工程实施：仅针对有电网配套工程的客户。 （5）供用电合同签订：具备直接装表条件的客户现场与客户签订供用电合同。 （6）装表送电：具备直接装表条件的客户现场完成装表送电，有电网配套工程的客户，完成配套工程后完成装表送电环节。 （7）相关表单填写：按照最新表单内容，规范填写所有表单内容。 （8）SG186 营销信息系统操作：进入 SG186 营销信息系统，独立完成低压居民现场勘查及送电相关流程操作。 （9）资料归档：按照一户一档的管理要求，将办理完结的业务资料统一装订成册，归类存放
工器具材料准备	学员桌椅、具备 SG186 营销信息系统的学员电脑、具备现场录入和打印功能的移动作业终端、《低压现场勘查单》、《低压供电方案答复单》、《低压电能计量装接单》、《低压供用电合同》
学员准备及场地布置	（1）两名学员组成一个任务小组。 （2）现场工作服及安全帽。 （3）电教室及客户服务室
目标	能独立完成低压居民现场勘查工作

二、实训考核评分标准

<table>
<tr><td>姓名</td><td></td><td>工作单位</td><td colspan="3">供电公司</td><td>供电所</td><td rowspan="2">成绩</td><td rowspan="2"></td></tr>
<tr><td>考核时间</td><td></td><td>时间记录</td><td>开始时间</td><td>时　分</td><td>结束时间</td><td>时　分</td></tr>
<tr><td>项目名称</td><td colspan="8">客户经理低压居民新装（增容）现场勘查与送电</td></tr>
<tr><td>考核任务</td><td colspan="8">①服务规范；②现场勘查工作内容；③供电方案拟定；④供用电合同拟定；⑤相关表单填写；⑥SG186 营销信息系统操作；⑦资料归档</td></tr>
</table>

续表

项目		考核内容	考核要求	配分	评分标准	扣分	得分
服务规范	1.1	服务规范	两穿一戴、精神饱满、语言表述清楚、普通话	5	每一处不符合要求，扣 1 分，扣完为止		
现场勘查工作	2.1	低压居民	核定用电容量、用电性质，确认供电电压、计量装置位置和接户线的路径、长度、用电性质	10	每一处不符合要求，扣 1 分，扣完为止		
供电方案拟定	3.1	基本信息	户名、用电地址、行业类别、用电性质、用电容量	10	每一处不符合要求，扣 1 分，扣完为止		
	3.2	接入方案	供电电压等级，供电电源及每路进线的供电容量，供电线路及敷设方式要求，产权分界点设置	10	每一处不符合要求，扣 1 分，扣完为止		
	3.3	计量方案	计量点设置，电能计量装置配置类别及接线方式、接入用电信息采集方案等	10	每一处不符合要求，扣 1 分，扣完为止		
	3.4	计费方案	包括用电类别、电价分类等信息	5	每一处不符合要求，扣 1 分，扣完为止		
	3.5	告知事项	包括抄表周期，缴费方式等注意事项	5	每一处不符合要求，扣 1 分，扣完为止		
合同拟定	4.1	供用电合同	准确填写供用电合同中的相关内容	10	每一处不符合要求，扣 1 分，扣完为止		
相关表单填写	5.1	表单填写	准确填写《低压现场勘查单》中的相关内容。 准确填写《低压供电方案答复单》中的相关内容。 准确填写《低压电能计量装接单》中的相关内容	20	每一处不符合要求，扣 1 分，扣完为止		
系统操作	6.1	SG186 营销信息系统	独立完成 SG186 营销信息系统低压居民现场勘查至资料归档环节流程操作	10	每一处不符合要求，扣 1 分，扣完为止		
资料归档	7.1	资料归档	严格按照一户一档管理要求对客户资料进行归档	5	每一处不符合要求，扣 1 分，扣完为止		
考评员记事							

说明：（1）单项扣分以实际配分为限，超过部分（除安全外）不再扣负分。
（2）最终成绩评分为实际操作得分

考评员签字：
____年____月____日

三、表格填写

1. 低压现场勘查单

<table>
<tr><th colspan="5">客户基本信息</th></tr>
<tr><td>户号</td><td></td><td>申请编号</td><td></td><td rowspan="5">（档案标识二维码，系统自动生成）</td></tr>
<tr><td>户名</td><td colspan="3"></td></tr>
<tr><td>联系人</td><td></td><td>联系电话</td><td></td></tr>
<tr><td>客户地址</td><td colspan="3"></td></tr>
<tr><td>申请备注</td><td colspan="3"></td></tr>
</table>

<table>
<tr><th colspan="4">现场勘查人员核定</th></tr>
<tr><td>申请用电类别</td><td></td><td colspan="2">核定情况：是□　否□</td></tr>
<tr><td>申请行业分类</td><td></td><td colspan="2">核定情况：是□　否□</td></tr>
<tr><td>申请供电电压</td><td></td><td colspan="2">核定供电电压：220V□　380V□</td></tr>
<tr><td>申请用电容量</td><td></td><td>核定用电容量</td><td></td></tr>
<tr><td>接入点信息</td><td colspan="3">包括电源点信息、线路敷设方式及路径、电气设备相关情况</td></tr>
<tr><td>受电点信息</td><td colspan="3">包括受电设施建设类型、主要用电设备特性</td></tr>
<tr><td>计量点信息</td><td colspan="3">包括计量装置安装位置</td></tr>
<tr><td>其他</td><td colspan="3"></td></tr>
</table>

<table>
<tr><th colspan="5">主要用电设备</th></tr>
<tr><td>设备名称</td><td>型号</td><td>数量</td><td>总容量（kW）</td><td>备注</td></tr>
<tr><td></td><td></td><td></td><td></td><td></td></tr>
<tr><td></td><td></td><td></td><td></td><td></td></tr>
<tr><td></td><td></td><td></td><td></td><td></td></tr>
<tr><td colspan="5">供电简图：</td></tr>
</table>

勘查人（签名）		勘查日期	年　月　日

2. 低压供电方案答复单

<table>
<tr><th colspan="5">客户基本信息</th></tr>
<tr><td>户号</td><td></td><td>申请编号</td><td></td><td rowspan="6">（档案标识二维码，系统自动生成）</td></tr>
<tr><td>户名</td><td colspan="3"></td></tr>
<tr><td>用电地址</td><td colspan="3"></td></tr>
<tr><td>用电类别</td><td></td><td>行业分类</td><td></td></tr>
<tr><td>供电电压</td><td></td><td>供电容量</td><td></td></tr>
<tr><td>联系人</td><td></td><td>联系电话</td><td></td></tr>
</table>

续表

<table>
<tr><th colspan="7">营业费用</th></tr>
<tr><td>费用名称</td><td>单价</td><td>数量（容量）</td><td colspan="2">应收金额（元）</td><td colspan="2">收费依据</td></tr>
<tr><td></td><td></td><td></td><td colspan="2"></td><td colspan="2"></td></tr>
<tr><th colspan="7">供电方案</th></tr>
<tr><td>电源编号</td><td>电源性质</td><td>供电电压</td><td>供电容量</td><td colspan="3">电源点信息</td></tr>
<tr><td></td><td></td><td></td><td></td><td colspan="3">供电变压器名称，接入点杆号（电缆分支箱号），产权分界点，进出线敷设方式建议</td></tr>
<tr><td rowspan="2">计量点组号</td><td rowspan="2">电价类别</td><td rowspan="2">定量定比</td><td colspan="2">电能表</td><td colspan="2">电流互感器</td></tr>
<tr><td>精度</td><td>规格及接线方式</td><td>精度</td><td>变比</td></tr>
<tr><td></td><td></td><td></td><td></td><td></td><td></td><td></td></tr>
<tr><td></td><td></td><td></td><td></td><td></td><td></td><td></td></tr>
<tr><td></td><td></td><td></td><td></td><td></td><td></td><td></td></tr>
<tr><td>备注</td><td colspan="6">①表箱安装位置；②需客户配合事项说明；③其他事项</td></tr>
<tr><td>其他说明</td><td colspan="6">（1）本供电方案自客户签收之日起三个月内有效。如遇有特殊情况，需延长供电方案有效期的，客户应在有效期到期前十天向供电企业提出申请，供电企业视情况予以办理延长手续。
（2）贵户如有受电工程，可委托有资质的电气设计、承装单位进行设计和施工。
（3）贵户受电工程竣工并经自验收合格后请及时联系供电企业进行竣工检验</td></tr>
<tr><td colspan="3">客户签名(单位盖章)：

年　月　日</td><td colspan="4">供电企业（盖章）：

年　月　日（系统自动生成）</td></tr>
</table>

3. 低压电能计量装接单

<table>
<tr><th colspan="10">客户基本信息</th></tr>
<tr><td>户号</td><td colspan="3"></td><td>申请编号</td><td colspan="2"></td><td colspan="3" rowspan="5">（档案标识二维码，系统自动生成）</td></tr>
<tr><td>户名</td><td colspan="6"></td></tr>
<tr><td>用电地址</td><td colspan="6"></td></tr>
<tr><td>联系人</td><td></td><td>联系电话</td><td></td><td>供电电压</td><td colspan="2"></td></tr>
<tr><td>合同容量</td><td></td><td>电能表准确度</td><td></td><td>接线方式</td><td colspan="2"></td></tr>
<tr><th colspan="10">装拆计量装置信息</th></tr>
<tr><td>装/拆</td><td>资产编号</td><td>计度器类型</td><td>表库、仓位码</td><td>位数</td><td>底度</td><td>自身倍率（变比）</td><td>电流</td><td>规格型号</td><td>计量点名称</td></tr>
<tr><td></td><td></td><td></td><td></td><td></td><td></td><td></td><td></td><td></td><td></td></tr>
<tr><td></td><td></td><td></td><td></td><td></td><td></td><td></td><td></td><td></td><td></td></tr>
<tr><td></td><td></td><td></td><td></td><td></td><td></td><td></td><td></td><td></td><td></td></tr>
<tr><td></td><td></td><td></td><td></td><td></td><td></td><td></td><td></td><td></td><td></td></tr>
<tr><td></td><td></td><td></td><td></td><td></td><td></td><td></td><td></td><td></td><td></td></tr>
<tr><td></td><td></td><td></td><td></td><td></td><td></td><td></td><td></td><td></td><td></td></tr>
</table>

续表

<table>
<tr><th colspan="5">现场信息</th></tr>
<tr><td>接电点描述</td><td colspan="4"></td></tr>
<tr><td>表箱条型号</td><td>表箱经纬度</td><td>表箱类型</td><td>表箱封印号</td><td>表计封印号</td></tr>
<tr><td></td><td></td><td></td><td></td><td></td></tr>
<tr><td>采集器条码</td><td></td><td>安装位置</td><td colspan="2"></td></tr>
<tr><td rowspan="3">流程摘要</td><td rowspan="3"></td><td rowspan="3">备注</td><td rowspan="3"></td><td>表计和表箱已加封，电能表存度本人已经确认</td></tr>
<tr><td>客户签章：</td></tr>
<tr><td>年　月　日</td></tr>
<tr><td>装接人员</td><td></td><td>装接日期</td><td colspan="2">年　月　日</td></tr>
</table>

任务二　低压非居民新装（增容）现场勘查与送电

一、实训任务书

项目名称	低压非居民新装（增容）业务现场勘查与送电
实训内容	课时：2 学时。 内容：①现场勘查服务规范；②现场勘查主要工作内容；③供电方案答复；④电网配套工程实施；⑤供用电合同签订；⑥装表送电；⑦相关表单填写；⑧SG186 营销信息系统流程操作；⑨资料归档
基本要求	（1）现场勘查服务规范：符合现场着装规范、佩戴工作牌、符合基本服务礼仪与规范。 （2）现场勘查主要工作内容：对申请新装、增容用电的非居民客户，应审核客户的用电需求，确定新增用电容量、用电性质及负荷特性，初步确定供电电源、供电电压、供电容量、计量方案、计费方案等；不具备供电条件时，应在勘查意见中说明原因，并向客户做好解释工作。如存在违约用电、窃电嫌疑等异常情况，勘查人员应做好现场记录，及时报相关职责部门，并暂缓办理该客户用电业务。在违约用电、窃电嫌疑排查处理完毕后重新启动业扩报装流程。 （3）现场制定供电方案并答复客户：根据现场勘查结果、电网规划、用电需求及当地供电条件等因素，经过技术经济比较，与客户协商一致后制定供电方案，低压非居民供电方案应请客户现场签字确认。 （4）电网配套工程实施：仅针对有电网配套工程的客户。 （5）供用电合同签订：具备直接装表条件的客户现场与客户签订供用电合同。 （6）装表送电：具备直接装表条件的客户现场完成装表送电，有电网配套工程的客户，完成配套工程后完成装表送电环节。 （7）相关表单填写：按照最新表单内容，规范填写所有表单内容。 （8）SG186 营销信息系统操作：进入 SG186 营销信息系统，独立完成低压非居民现场勘查及送电相关流程操作。 （9）资料归档：按照一户一档的管理要求，将办理完结的业务资料统一装订成册，归类存放
工器具材料准备	学员桌椅、具备 SG186 营销信息系统的学员电脑、具备现场录入和打印功能的移动作业终端、《低压现场勘查单》、《低压供电方案答复单》、《低压电能计量装接单》、《低压供用电合同》
学员准备及场地布置	（1）两名学员组成一个任务小组。 （2）现场工作服及安全帽。 （3）电教室及客户服务室
目标	能独立完成低压非居民现场勘查工作

二、实训考核评分标准

<table>
<tr><td>姓名</td><td colspan="2"></td><td>工作单位</td><td colspan="3">供电公司　　　供电所</td><td>成绩</td><td colspan="2"></td></tr>
<tr><td>考核时间</td><td colspan="2"></td><td>时间记录</td><td>开始时间</td><td>时　分</td><td>结束时间　时　分</td><td></td><td colspan="2"></td></tr>
<tr><td>项目名称</td><td colspan="9">客户经理低压非居民新装（增容）现场勘查与送电</td></tr>
<tr><td>考核任务</td><td colspan="9">①服务规范；②现场勘查工作内容；③供电方案拟定及答复；④供用电合同拟定；⑤相关表单填写；⑥SG186营销信息系统操作；⑦资料归档</td></tr>
<tr><td colspan="2">项目</td><td>考核内容</td><td>考核要求</td><td>配分</td><td>评分标准</td><td>扣分</td><td>得分</td></tr>
<tr><td>服务规范</td><td>1.1</td><td>服务规范</td><td>两穿一戴、精神饱满、语言表述清楚、普通话</td><td>5</td><td>每一处不符合要求，扣1分，扣完为止</td><td></td><td></td></tr>
<tr><td>现场勘查工作内容</td><td>2.1</td><td>低压非居民</td><td>审核客户的用电需求，确定新增用电容量、用电性质及负荷特性，初步确定供电电源、供电电压、供电容量、计量方案、计费方案等</td><td>10</td><td>每一处不符合要求，扣1分，扣完为止</td><td></td><td></td></tr>
<tr><td rowspan="5">供电方案拟定</td><td>3.1</td><td>基本信息</td><td>户名、用电地址、行业类别、用电性质、用电容量</td><td>10</td><td>每一处不符合要求，扣1分，扣完为止</td><td></td><td></td></tr>
<tr><td>3.2</td><td>接入方案</td><td>供电电压等级，供电电源及每路进线的供电容量，供电线路及敷设方式要求，产权分界点设置</td><td>10</td><td>每一处不符合要求，扣1分，扣完为止</td><td></td><td></td></tr>
<tr><td>3.3</td><td>计量方案</td><td>计量点设置，电能计量装置配置类别及接线方式、计量方式、用电信息采集终端安装方案等</td><td>10</td><td>每一处不符合要求，扣1分，扣完为止</td><td></td><td></td></tr>
<tr><td>3.4</td><td>计费方案</td><td>包括用电类别、电价分类等信息</td><td>5</td><td>每一处不符合要求，扣1分，扣完为止</td><td></td><td></td></tr>
<tr><td>3.5</td><td>告知事项</td><td>包括客户有权自主选择具备相应资质要求的施工单位、设备材料供应商，注意事项等</td><td>5</td><td>每一处不符合要求，扣1分，扣完为止</td><td></td><td></td></tr>
<tr><td>合同拟定</td><td>4.1</td><td>供用电合同</td><td>准确填写供用电合同中的相关内容</td><td>10</td><td>每一处不符合要求，扣1分，扣完为止</td><td></td><td></td></tr>
<tr><td>相关表单填写</td><td>5.1</td><td>表单填写</td><td>准确填写《低压现场勘查单》中的相关内容。
准确填写《低压供电方案答复单》中的相关内容。
准确填写《低压电能计量装接单》中的相关内容</td><td>20</td><td>每一处不符合要求，扣1分，扣完为止</td><td></td><td></td></tr>
<tr><td>系统操作</td><td>6.1</td><td>SG186营销信息系统</td><td>独立完成SG186营销信息系统低压非居民现场勘查至资料归档环节流程操作</td><td>10</td><td>每一处不符合要求，扣1分，扣完为止</td><td></td><td></td></tr>
</table>

续表

项目		考核内容	考核要求	配分	评分标准	扣分	得分
资料归档	7.1	资料归档	严格按照一户一档管理要求对客户资料进行归档	5	每一处不符合要求，扣1分，扣完为止		
考评员记事							
说明：(1) 单项扣分以实际配分为限，扣完为止。 (2) 最终成绩评分为实际操作得分							

考评员签字：

____年____月____日

三、表格填写

1. 低压现场勘查单

客户基本信息				
户号		申请编号		（档案标识二维码，系统自动生成）
户名				
联系人		联系电话		
客户地址				
申请备注				

现场勘查人员核定			
申请用电类别		核定情况：是□　否□	
申请行业分类		核定情况：是□　否□	
申请供电电压		核定供电电压：220V□　380V□	
申请用电容量		核定用电容量：	
接入点信息	包括电源点信息、线路敷设方式及路径、电气设备相关情况		
受电点信息	包括受电设施建设类型、主要用电设备特性		
计量点信息	包括计量装置安装位置		
其他			

主要用电设备				
设备名称	型号	数量	总容量（kW）	备注

供电简图：			
勘查人（签名）		勘查日期	年　月　日

2. 低压供电方案答复单

<table>
<tr><th colspan="7">客户基本信息</th></tr>
<tr><td>户号</td><td colspan="2"></td><td>申请编号</td><td></td><td colspan="2" rowspan="6">（档案标识二维码，系统自动生成）</td></tr>
<tr><td>户名</td><td colspan="4"></td></tr>
<tr><td>用电地址</td><td colspan="4"></td></tr>
<tr><td>用电类别</td><td colspan="2"></td><td>行业分类</td><td></td></tr>
<tr><td>供电电压</td><td colspan="2"></td><td>供电容量</td><td></td></tr>
<tr><td>联系人</td><td colspan="2"></td><td>联系电话</td><td></td></tr>
<tr><th colspan="7">营业费用</th></tr>
<tr><td>费用名称</td><td>单价</td><td>数量（容量）</td><td>应收金额（元）</td><td colspan="3">收费依据</td></tr>
<tr><td></td><td></td><td></td><td></td><td colspan="3"></td></tr>
<tr><th colspan="7">供电方案</th></tr>
<tr><td>电源编号</td><td>电源性质</td><td>供电电压</td><td>供电容量</td><td colspan="3">电源点信息</td></tr>
<tr><td></td><td></td><td></td><td></td><td colspan="3">供电变压器名称，接入点杆号（电缆分支箱号），产权分界点，进出线敷设方式建议</td></tr>
<tr><td rowspan="2">计量点组号</td><td rowspan="2">电价类别</td><td rowspan="2">定量定比</td><td colspan="2">电能表</td><td colspan="2">电流互感器</td></tr>
<tr><td>精度</td><td>规格及接线方式</td><td>精度</td><td>变比</td></tr>
<tr><td></td><td></td><td></td><td></td><td></td><td></td><td></td></tr>
<tr><td></td><td></td><td></td><td></td><td></td><td></td><td></td></tr>
<tr><td></td><td></td><td></td><td></td><td></td><td></td><td></td></tr>
<tr><td>备注</td><td colspan="6">①表箱安装位置；②需客户配合事项说明；③其他事项</td></tr>
<tr><td>其他说明</td><td colspan="6">（1）本供电方案自客户签收之日起三个月内有效。如遇有特殊情况，需延长供电方案有效期的，客户应在有效期到期前十天向供电企业提出申请，供电企业视情况予以办理延长手续。
（2）贵户如有受电工程，可委托有资质的电气设计、承装单位进行设计和施工。
（3）贵户受电工程竣工并经自验收合格后请及时联系供电企业进行竣工检验</td></tr>
<tr><td colspan="3">客户签名(单位盖章)：

年　月　日</td><td colspan="4">供电企业（盖章）：

年　月　日（系统自动生成）</td></tr>
</table>

3. 低压电能计量装接单

<table>
<tr><th colspan="10">客户基本信息</th></tr>
<tr><td colspan="2">户号</td><td colspan="2"></td><td colspan="2">申请编号</td><td></td><td colspan="3" rowspan="6">（档案标识二维码，系统自动生成）</td></tr>
<tr><td colspan="2">户名</td><td colspan="5"></td></tr>
<tr><td colspan="2">用电地址</td><td colspan="5"></td></tr>
<tr><td colspan="2">联系人</td><td>联系电话</td><td></td><td>供电电压</td><td colspan="2"></td></tr>
<tr><td colspan="2">合同容量</td><td>电能表准确度</td><td></td><td>接线方式</td><td colspan="2"></td></tr>
<tr><th colspan="10">装拆计量装置信息</th></tr>
<tr><td>装/拆</td><td>资产编号</td><td>计度器类型</td><td>表库、仓位码</td><td>位数</td><td>底度</td><td>自身倍率（变比）</td><td>电流</td><td>规格型号</td><td>计量点名称</td></tr>
<tr><td></td><td></td><td></td><td></td><td></td><td></td><td></td><td></td><td></td><td></td></tr>
<tr><td></td><td></td><td></td><td></td><td></td><td></td><td></td><td></td><td></td><td></td></tr>
<tr><td></td><td></td><td></td><td></td><td></td><td></td><td></td><td></td><td></td><td></td></tr>
<tr><td></td><td></td><td></td><td></td><td></td><td></td><td></td><td></td><td></td><td></td></tr>
<tr><td></td><td></td><td></td><td></td><td></td><td></td><td></td><td></td><td></td><td></td></tr>
<tr><td></td><td></td><td></td><td></td><td></td><td></td><td></td><td></td><td></td><td></td></tr>
</table>

续表

<table>
<tr><th colspan="5">现场信息</th></tr>
<tr><td>接电点描述</td><td colspan="4"></td></tr>
<tr><td>表箱条型号</td><td>表箱经纬度</td><td>表箱类型</td><td>表箱封印号</td><td>表计封印号</td></tr>
<tr><td></td><td></td><td></td><td></td><td></td></tr>
<tr><td>采集器条码</td><td></td><td>安装位置</td><td colspan="2"></td></tr>
<tr><td>流程摘要</td><td></td><td>备注</td><td></td><td>表计和表箱已加封，电能表存度本人已经确认
客户签章：
年　月　日</td></tr>
<tr><td>装接人员</td><td></td><td>装接日期</td><td colspan="2">年　月　日</td></tr>
</table>

任务三　现场勘查时限考核要求

一、实训任务书

项目名称	现场勘查环节时限考核要求
实训内容	课时：1学时。 内容：①低压居民客户现场勘查时限考核要求；②低压非居民客户现场勘查时限考核要求；③高压客户现场勘查时限考核要求；④分布式电源并网服务现场勘查时限考核要求；⑤充换电设施用电现场勘查时限考核要求；⑥结合案例分析现场勘查中的时限超期问题
基本要求	(1) 低压居民现场勘查时限考核要求：自受理之日起1个工作日完成现场勘查。 (2) 低压非居民现场勘查时限考核要求：自受理之日起1个工作日完成现场勘查。 (3) 高压10kV客户现场勘查时限考核要求：自受理之日起2个工作日完成现场勘查。 (4) 高压35kV客户现场勘查时限考核要求：自受理之日起2个工作日完成现场勘查。 (5) 高压110kV及以上客户现场勘查时限考核要求：自受理之日起2个工作日完成现场勘查。 (6) 低压充换电设施报装客户现场勘查时限考核要求：自受理之日起1个工作日完成现场勘查。 (7) 高压充换电设施报装客户现场勘查时限考核要求：自受理之日起1个工作日完成现场勘查。 (8) 分布式电源客户。 1) 第一类10kV接入电网分布式电源客户现场勘查时限考核要求：自受理并网申请完成之日起2个工作日完成现场勘查。 2) 第一类380(220)V接入电网分布式电源客户现场勘查时限考核要求：自受理并网申请完成之日起2个工作日完成现场勘查。 3) 第二类接入电网分布式电源客户现场勘查时限考核要求：自受理并网申请完成之日起2个工作日完成现场勘查。 (9) 结合实际案例分析现场勘查中容易忽略的时限问题
工器具材料准备	学员桌椅、具备SG186营销信息系统的学员电脑
学员准备及场地布置	(1) 两名学员组成一个任务小组。 (2) 电教室及客户服务室
目标	能独立现场勘查环节实现考核要求

二、实训考核评分标准

<table>
<tr><td colspan="2">姓名</td><td></td><td>工作单位</td><td colspan="3">供电公司　　供电所</td><td rowspan="2">成绩</td><td rowspan="2"></td></tr>
<tr><td colspan="2">考核时间</td><td></td><td>时间记录</td><td>开始时间　　时　分</td><td>结束时间</td><td>时　分</td></tr>
<tr><td colspan="2">项目名称</td><td colspan="7">客户经理现场勘查环节时限考核要求</td></tr>
<tr><td colspan="2">考核任务</td><td colspan="7">①低压居民客户现场勘查时限考核要求；②低压非居民客户现场勘查时限考核要求；③高压客户现场勘查时限考核要求；④分布式电源并网服务现场勘查时限考核要求；⑤充换电设施用电现场勘查时限考核要求；⑥结合实际案例分析现场勘查中容易忽略的时限问题</td></tr>
<tr><td colspan="2">项目</td><td>考核内容</td><td>考核要求</td><td>配分</td><td>评分标准</td><td>扣分</td><td colspan="2">得分</td></tr>
<tr><td rowspan="4">现场勘查时限考核要求</td><td>1.1</td><td>低压客户</td><td>自受理之日起 1 个工作日完成现场勘查</td><td>5</td><td>每一处不符合要求，扣 1 分，扣完为止</td><td></td><td colspan="2"></td></tr>
<tr><td>1.2</td><td>高压客户</td><td>自受理之日起 2 个工作日完成现场勘查</td><td>5</td><td>每一处不符合要求，扣 1 分，扣完为止</td><td></td><td colspan="2"></td></tr>
<tr><td>1.3</td><td>充换电设施报装客户</td><td>自受理之日起 1 个工作日完成现场勘查</td><td>5</td><td>每一处不符合要求，扣 1 分，扣完为止</td><td></td><td colspan="2"></td></tr>
<tr><td>1.4</td><td>分布式电源客户</td><td>自受理并网申请完成之日起 2 个工作日完成现场勘查</td><td>5</td><td>每一处不符合要求，扣 1 分，扣完为止</td><td></td><td colspan="2"></td></tr>
<tr><td rowspan="5">案例分析</td><td>2.1</td><td>低压居民客户案例分析</td><td>结合实际案例分析低压居民客户现场勘查中容易忽略的时限问题</td><td>16</td><td>每一处不符合要求，扣 2 分，扣完为止</td><td></td><td colspan="2"></td></tr>
<tr><td>2.2</td><td>低压非居民客户案例分析</td><td>结合实际案例分析低压非居民客户现场勘查中容易忽略的时限问题</td><td>16</td><td>每一处不符合要求，扣 2 分，扣完为止</td><td></td><td colspan="2"></td></tr>
<tr><td>2.3</td><td>高压客户案例分析</td><td>结合实际案例分析高压客户现场勘查中容易忽略的时限问题</td><td>16</td><td>每一处不符合要求，扣 2 分，扣完为止</td><td></td><td colspan="2"></td></tr>
<tr><td>2.4</td><td>充换电设施报装客户案例分析</td><td>结合实际案例分析充换电设施报装客户现场勘查中容易忽略的时限问题</td><td>16</td><td>每一处不符合要求，扣 2 分，扣完为止</td><td></td><td colspan="2"></td></tr>
<tr><td>2.5</td><td>分布式电源客户案例分析</td><td>结合实际案例分析分布式电源客户现场勘查中容易忽略的时限问题</td><td>16</td><td>每一处不符合要求，扣 2 分，扣完为止</td><td></td><td colspan="2"></td></tr>
<tr><td colspan="2">考评员记事</td><td colspan="7"></td></tr>
</table>

说明：（1）单项扣分以实际配分为限，超过部分（除安全外）不再扣负分。

（2）最终成绩评分为实际操作得分

考评员签字：

____年____月____日

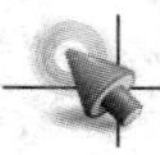

任务四　低压供电方案的基本内容

一、实训任务书

项目名称	低压供电方案的基本内容
实训内容	课时：2 学时。 内容：①确定低压供电方案的基本原则；②确定低压供电方案的基本要求；③低压供电方案的基本内容；④低压供电方案编制的基本流程；⑤相关计算方法；⑥相关表单填写；⑦SG186 营销信息系统相关流程的操作；⑧资料归档
基本要求	（1）了解供电方案基本原则。 1）应能满足供用电安全、可靠、经济、运行灵活、管理方便的要求，并留有发展裕度。 2）符合电网建设、改造和发展规划要求；满足客户近期、远期对电力的需求，具有最佳的综合经济效益。 3）具有满足客户需求的供电可靠性及合格的电能质量。 4）符合相关国家标准、电力行业技术标准和规程，以及技术装备先进要求，并应对多种供电方案进行技术经济比较，确定最佳方案。 （2）掌握低压供电方案的基本要求。 1）根据电网条件以及客户的用电容量、用电性质、用电时间、用电负荷重要程度等因素，确定供电方式和受电方式。 2）根据确定的供电方式及国家电价政策确定电能计量方式、用电信息采集终端安装方案。 3）根据客户的用电性质和国家电价政策确定计费方案。 4）对有受电工程的，应按照产权分界划分的原则，确定双方工程建设出资界面。 （3）掌握低压供电方案包含的主要内容。 1）低压居民客户。 a. 客户基本用电信息：户名、用电地址、行业、用电性质，核定的用电容量。 b. 供电电压、供电线路、公用配电变压器名称、供电容量、出线方式。 c. 进线方式、受电装置位置、计量点的设置，计量方式，计费方案，用电信息采集终端安装方案。 d. 供电方案的有效期。 2）低压非居民客户。 a. 客户基本用电信息：户名、用电地址、行业、用电性质、负荷分级，核定的用电容量。 b. 供电电压、公用配电变压器名称、供电线路、供电容量、出线方式。 c. 进线方式，受电装置位置，计量点的设置，计量方式，计费方案，用电信息采集终端安装方案。 d. 无功补偿标准、应急电源及保安措施配置、继电保护要求。 e. 受电工程建设投资界面。 f. 供电方案的有效期。 g. 其他需说明的事宜。 （4）掌握低压供电方案编制的基本流程及其相关容量、计量装置的计算方法。 （5）要求能独自填写完成低压供电方案答复函。 （6）要求能独自完成 SG186 营销信息系统相关流程操作。 （7）按照一户一档的管理要求，统一装订成册，归类存放
工器具材料准备	学员桌椅、具备 SG186 营销信息系统的学员电脑、《低压供电方案答复单》、档案袋
学员准备及场地布置	（1）两名学员组成一个任务小组。 （2）电教室及客户服务室
目标	能独立完成低压供电方案答复函的编制工作

二、实训考核评分标准

<table>
<tr><td colspan="2">姓名</td><td></td><td>工作单位</td><td colspan="2">供电公司</td><td>供电所</td><td rowspan="2">成绩</td><td rowspan="2"></td></tr>
<tr><td colspan="2">考核时间</td><td></td><td>时间记录</td><td>开始时间 时 分</td><td colspan="2">结束时间 时 分</td></tr>
<tr><td colspan="2">项目名称</td><td colspan="7">客户经理低压客户供电方案基本内容</td></tr>
<tr><td colspan="2">考核任务</td><td colspan="7">①基本原则；②基本要求；③低压供电方案基本内容；④低压供电方案编制流程；⑤相关计算方法；⑥相关表单填写；⑦SG186 营销信息系统相关流程的操作；⑧资料归档</td></tr>
<tr><td colspan="2">项目</td><td>考核内容</td><td>考核要求</td><td>配分</td><td>评分标准</td><td>扣分</td><td colspan="2">得分</td></tr>
<tr><td>原则要求</td><td>1.1</td><td>编制原则与要求</td><td>语言描述清晰、用词准确、无概念性错误</td><td>5</td><td>每一处不符合要求，扣 1 分，扣完为止</td><td></td><td colspan="2"></td></tr>
<tr><td>基本内容</td><td>2.1</td><td>低压客户</td><td>准确表述低压居民和低压非居民供电方案中所包含的内容</td><td>10</td><td>每一处不符合要求，扣 1 分，扣完为止</td><td></td><td colspan="2"></td></tr>
<tr><td rowspan="4">低压供电方案编制流程</td><td>3.1</td><td>基本信息</td><td>户名、用电地址、行业类别、用电性质、用电容量</td><td>10</td><td>每一处不符合要求，扣 1 分，扣完为止</td><td></td><td colspan="2"></td></tr>
<tr><td>3.2</td><td>接入方案</td><td>供电电压等级，供电电源及每路进线的供电容量，供电线路及敷设方式要求，产权分界点设置</td><td>10</td><td>每一处不符合要求，扣 1 分，扣完为止</td><td></td><td colspan="2"></td></tr>
<tr><td>3.3</td><td>计量方案</td><td>计量点设置，电能计量装置配置类别及接线方式、计量方式、用电信息采集终端安装方案等</td><td>10</td><td>每一处不符合要求，扣 1 分，扣完为止</td><td></td><td colspan="2"></td></tr>
<tr><td>3.4</td><td>计费方案</td><td>包括用电类别、电价分类等信息</td><td>5</td><td>每一处不符合要求，扣 1 分，扣完为止</td><td></td><td colspan="2"></td></tr>
<tr><td>计算方法</td><td>4.1</td><td>计算方法</td><td>熟练掌握客户容量、计量装置的计算方法</td><td>5</td><td>每一处不符合要求，扣 1 分，扣完为止</td><td></td><td colspan="2"></td></tr>
<tr><td>表单填写</td><td>5.1</td><td>表单填写</td><td>准确填写《低压供电方案答复单》中的相关内容</td><td>20</td><td>每一处不符合要求，扣 1 分，扣完为止</td><td></td><td colspan="2"></td></tr>
<tr><td>系统操作</td><td>6.1</td><td>SG186 营销信息系统</td><td>独立完成 SG186 营销信息系统低压居民和低压非居民相关环节流程操作</td><td>10</td><td>每一处不符合要求，扣 1 分，扣完为止</td><td></td><td colspan="2"></td></tr>
<tr><td>资料归档</td><td>7.1</td><td>资料归档</td><td>严格按照一户一档管理要求对客户资料进行归档</td><td>5</td><td>每一处不符合要求，扣 1 分，扣完为止</td><td></td><td colspan="2"></td></tr>
<tr><td colspan="2">考评员记事</td><td colspan="7"></td></tr>
</table>

说明：（1）单项扣分以实际配分为限，超过部分（除安全外）不再扣负分。
（2）最终成绩评分为实际操作得分

考评员签字：
____年____月____日

三、表格填写

低压供电方案答复单

<table>
<tr><th colspan="7">客户基本信息</th></tr>
<tr><td>户号</td><td colspan="2"></td><td>申请编号</td><td></td><td colspan="2" rowspan="6">（档案标识二维码，系统自动生成）</td></tr>
<tr><td>户名</td><td colspan="4"></td></tr>
<tr><td>用电地址</td><td colspan="4"></td></tr>
<tr><td>用电类别</td><td colspan="2"></td><td>行业分类</td><td></td></tr>
<tr><td>供电电压</td><td colspan="2"></td><td>供电容量</td><td></td></tr>
<tr><td>联系人</td><td colspan="2"></td><td>联系电话</td><td></td></tr>
<tr><th colspan="7">营业费用</th></tr>
<tr><td>费用名称</td><td>单价</td><td colspan="2">数量（容量）</td><td>应收金额（元）</td><td colspan="2">收费依据</td></tr>
<tr><td></td><td></td><td colspan="2"></td><td></td><td colspan="2"></td></tr>
<tr><th colspan="7">供电方案</th></tr>
<tr><td>电源编号</td><td>电源性质</td><td>供电电压</td><td>供电容量</td><td colspan="3">电源点信息</td></tr>
<tr><td></td><td></td><td></td><td></td><td colspan="3">供电变压器名称，接入点杆号（电缆分支箱号），产权分界点，进出线敷设方式建议</td></tr>
<tr><td rowspan="2">计量点组号</td><td rowspan="2">电价类别</td><td rowspan="2">定量定比</td><td colspan="2">电能表</td><td colspan="2">电流互感器</td></tr>
<tr><td>精度</td><td>规格及接线方式</td><td>精度</td><td>变比</td></tr>
<tr><td></td><td></td><td></td><td></td><td></td><td></td><td></td></tr>
<tr><td></td><td></td><td></td><td></td><td></td><td></td><td></td></tr>
<tr><td>备注</td><td colspan="6">①表箱安装位置；②需客户配合事项说明；③其他事项</td></tr>
<tr><td>其他说明</td><td colspan="6">（1）本供电方案自客户签收之日起三个月内有效。如遇有特殊情况，需延长供电方案有效期的，客户应在有效期到期前十天向供电企业提出申请，供电企业视情况予以办理延长手续。
（2）贵户如有受电工程，可委托有资质的电气设计、承装单位进行设计和施工。
（3）贵户受电工程竣工并经自验收合格后请及时联系供电企业进行竣工检验</td></tr>
<tr><td colspan="3">客户签名(单位盖章)：

年　月　日</td><td colspan="4">供电企业（盖章）：

年　月　日（系统自动生成）</td></tr>
</table>

任务五　电压等级的确定

一、实训任务书

项目名称	电压等级确定
实训内容	课时：1学时。 内容：①低压客户电压等级的确定；②高压客户电压等级的确定；③具有冲击负荷、波动负荷、非对称负荷客户电压等级的确定

续表

基本要求	1. 低压客户电压等级确定 单相低压供电方式主要适用于照明和单相小动力用户。一般情况下，设备总容量在10千瓦及以下时可采用低压220伏供电。在经济发达地区用电设备总容量可扩大到16千瓦。 三相低压供电方式主要适用于三相小容量客户。一般情况下，设备总容量在100千瓦及以下或受电变压器容量在50千伏安及以下者，可采用低压380伏供电。 2. 高压客户电压等级确定 （1）受电变压器容量在50kVA～10MVA时，宜采用10kV供电。 （2）受电变压器容量在5～40MVA时，宜采用35（66）kV供电。 （3）受电变压器容量在20～100MVA时，宜采用110kV供电。 （4）受电变压器容量在100MVA及以上时，宜采用220kV供电。 （5）受电变压器容量在50kVA～10MVA时，如无35kV电压等级的地区，10kV电压等级的供电容量可扩大到15MVA。 （6）供电半径超过本级电压规定时，可按高一级电压供电。 （7）10kV及以上电压等级供电的客户，当单回路电源线路容量不满足负荷需求且附近无上一级电压等级供电时，可合理增加供电回路数，采用多回路供电。 3. 具有冲击负荷、波动负荷、非对称负荷客户电压等级的确定 具有冲击负荷、波动负荷、非对称负荷的客户，宜采用由系统变电所新建线路或提高电压等级供电的供电方式
工器具材料准备	学员桌椅、电力客户供电电压选定的相关案例
学员准备及场地布置	（1）学员独立完成。 （2）电教室
目标	能独立完成用电客户供电电压选定工作

二、实训考核评分标准

<table>
<tr><td colspan="2">姓名</td><td></td><td>工作单位</td><td colspan="3">供电公司</td><td colspan="2">供电所</td><td rowspan="2">成绩</td><td></td></tr>
<tr><td colspan="2">考核时间</td><td></td><td>时间记录</td><td>开始时间</td><td>时　分</td><td>结束时间</td><td colspan="2">时　分</td><td></td></tr>
<tr><td colspan="2">项目名称</td><td colspan="10">电压等级的确定</td></tr>
<tr><td colspan="2">考核任务</td><td colspan="10">①低压客户电压等级的确定；②高压客户电压等级的确定；③具有冲击负荷、波动负荷、非对称负荷客户电压等级的确定</td></tr>
<tr><td colspan="2">项目</td><td>考核内容</td><td colspan="3">考核要求</td><td>配分</td><td colspan="2">评分标准</td><td>扣分</td><td colspan="2">得分</td></tr>
<tr><td>低压客户</td><td>1.1</td><td>低压客户电压等级确定</td><td colspan="3">准确根据客户容量及用电需求选定供电电压等级</td><td>35</td><td colspan="2">每一处不符合要求，扣1分，扣完为止</td><td></td><td colspan="2"></td></tr>
<tr><td>高压客户</td><td>2.1</td><td>高压客户电压等级确定</td><td colspan="3">准确依据客户容量及用电需求进行电压等级确定</td><td>35</td><td colspan="2">每一处不符合要求，扣1分，扣完为止</td><td></td><td colspan="2"></td></tr>
<tr><td>其他客户</td><td>3.1</td><td>具有冲击负荷、波动负荷、非对称负荷客户电压等级确定</td><td colspan="3">掌握具有冲击负荷、波动负荷、非对称负荷客户电压等级确定的配置要求</td><td>30</td><td colspan="2">每一处不符合要求，扣1分，扣完为止</td><td></td><td colspan="2"></td></tr>
<tr><td colspan="2">考评员记事</td><td colspan="10"></td></tr>
</table>

说明：（1）单项扣分以实际配分为限，超过部分（除安全外）不再扣负分。
（2）最终成绩评分为实际操作得分

考评员签字：
____年____月____日

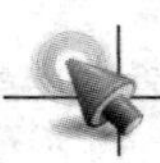

任务六　供电电源点确定

一、实训任务书

项目名称	供电电源点确定
实训内容	课时：1学时。 内容：①低压客户供电电源点的确定；②高压客户供电电源点的确定
基本要求	1. 低压客户供电电源点确定 （1）进户点应尽可能接近供电电源线路处。 （2）容量较大的客户应尽量接近负荷中心处。 （3）进户点应错开水沟、烟道，并应与煤气管道、暖气管道保持一定的距离。 （4）便于检查和维护，保证工作的便利和安全。 （5）进户点距地平面的最小距离不得小于2.5m，当条件确定不能满足要求时，其低于2.5m的导线应加硬塑料管保护。 （6）应与附近其他客户的进户点高度尽可能取得一致。 （7）进户点的墙面应能牢固的安装进户线支持物。 2. 高压客户电压等级确定 （1）电源点应具备足够的供电能力，能提供合格的电能质量，满足客户的用电需求，保证接电后电网安全运行和客户用电安全。 （2）对多个可选的电源点，应进行技术经济比较后确定。 （3）根据客户分级和用电需求，确定电源点的回路数和种类。 （4）避免近电远供、迂回供电。 3. 具有冲击负荷、波动负荷、非对称负荷客户电压等级的确定
工器具材料准备	学员桌椅、电力客户供电电源点的相关案例
学员准备及场地布置	（1）学员独立完成。 （2）电教室
目标	能独立完成用电客户供电电源点选定工作

二、实训考核评分标准

<table>
<tr><td colspan="2">姓名</td><td></td><td>工作单位</td><td colspan="2">供电公司</td><td>供电所</td><td colspan="2">成绩</td></tr>
<tr><td colspan="2">考核时间</td><td></td><td>时间记录</td><td>开始时间　时　分</td><td colspan="2">结束时间　时　分</td><td colspan="2"></td></tr>
<tr><td colspan="2">项目名称</td><td colspan="7">供电电源点确定</td></tr>
<tr><td colspan="2">考核任务</td><td colspan="7">①低压客户供电电源点的确定；②高压客户供电电源点的确定</td></tr>
<tr><td colspan="2">项目</td><td>考核内容</td><td>考核要求</td><td>配分</td><td>评分标准</td><td>扣分</td><td>得分</td></tr>
<tr><td>低压客户</td><td>1.1</td><td>低压客户供电电源点</td><td>准确结合客户用电需求选定供电电源点</td><td>50</td><td>每一处不符合要求，扣1分，扣完为止</td><td></td><td></td></tr>
<tr><td>高压客户</td><td>2.1</td><td>高压客户供电电源点</td><td>准确结合客户用电需求选定供电电源点</td><td>50</td><td>每一处不符合要求，扣1分，扣完为止</td><td></td><td></td></tr>
<tr><td colspan="2">考评员记事</td><td colspan="6"></td></tr>
</table>

说明：（1）单项扣分以实际配分为限，超过部分（除安全外）不再扣负分。
（2）最终成绩评分为实际操作得分

考评员签字：
____年____月____日

任务七　供电方案答复时限考核要求

一、实训任务书

项目名称	供电方案答复时限考核要求
实训内容	课时：1学时。 内容：①低压居民客户供电方案答复时限考核要求；②低压非居民客户供电方案答复时限考核要求；③高压客户供电方案答复时限考核要求；④分布式电源并网服务供电方案答复时限考核要求；⑤充换电设施用电供电方案答复时限考核要求；⑥结合案例分析供电方案答复中的时限超期问题
基本要求	（1）低压居民供电方案答复时限考核要求：自受理之日起1个工作日完成供电方案答复。 （2）低压非居民供电方案答复时限考核要求：自受理之日起1个工作日完成供电方案答复。 （3）高压10kV客户供电方案答复时限考核要求：自受理之日起单电源15个工作日，双电源30个工作日完成供电方案答复。 （4）高压35kV客户供电方案答复时限考核要求：自受理之日起单电源15个工作日，双电源30个工作日完成供电方案答复。 （5）高压110kV及以上客户供电方案答复时限考核要求：自受理之日起单电源15个工作日，双电源30个工作日完成供电方案答复。 （6）低压充换电设施报装客户供电方案答复时限考核要求：自受理之日起1个工作日完成供电方案答复。 （7）高压充换电设施报装客户供电方案答复时限考核要求：自受理之日起15个工作日完成供电方案答复。 （8）分布式电源客户。 1）第一类10kV接入电网分布式电源客户供电方案答复时限考核要求：自受理并网申请完成之日起光伏用户20个工作日，其他用户30个工作日完成供电方案答复。 2）第一类380（220）V接入电网分布式电源客户供电方案答复时限考核要求：自受理并网申请完成之日起光伏用户20个工作日，其他用户30个工作日完成供电方案答复。 3）第二类接入电网分布式电源客户供电方案答复时限考核要求：自受理并网申请完成之日起60个工作日完成供电方案答复。 （9）结合实际案例分析供电方案答复中容易忽略的时限问题
工器具材料准备	学员桌椅、具备SG186营销信息系统的学员电脑
学员准备及场地布置	（1）两名学员组成一个任务小组。 （2）电教室及客户服务室
目标	能独立实现供电方案答复环节考核要求

二、实训考核评分标准

<table>
<tr><td>姓名</td><td></td><td>工作单位</td><td colspan="4">供电公司　　　　供电所</td><td rowspan="2">成绩</td><td rowspan="2"></td></tr>
<tr><td>考核时间</td><td></td><td>时间记录</td><td>开始时间</td><td>时　分</td><td>结束时间</td><td>时　分</td></tr>
<tr><td>项目名称</td><td colspan="8">客户经理供电方案答复环节时限考核要求</td></tr>
<tr><td>考核任务</td><td colspan="8">①低压居民客户供电方案答复时限考核要求；②低压非居民客户供电方案答复时限考核要求；③高压客户供电方案答复时限考核要求；④分布式电源并网服务供电方案答复时限考核要求；⑤充换电设施用电供电方案答复时限考核要求；⑥结合案例分析供电方案答复中的时限超期问题</td></tr>
</table>

续表

项目		考核内容	考核要求	配分	评分标准	扣分	得分
供电方案答复时限考核要求	1.1	低压客户	自受理之日起1个工作日完成供电方案答复	5	每一处不符合要求，扣1分，扣完为止		
	1.2	高压客户	自受理之日起单电源15个工作日，双电源30个工作日完成供电方案答复	5	每一处不符合要求，扣1分，扣完为止		
	1.3	充换电设施报装客户	自受理之日起低压用户1个工作日，高压用户15个工作日完成供电方案答复	5	每一处不符合要求，扣1分，扣完为止		
	1.4	分布式电源客户	自受理并网申请完成之日起第一类光伏用户20个工作日，其他用户30个工作日；第二类分布式电源客户60个工作日完成供电方案答复	5	每一处不符合要求，扣1分，扣完为止		
案例分析	2.1	低压居民客户案例分析	结合实际案例分析低压居民客户供电方案答复中容易忽略的时限问题	16	每一处不符合要求，扣2分，扣完为止		
	2.2	低压非居民客户案例分析	结合实际案例分析低压非居民客户供电方案答复中容易忽略的时限问题	16	每一处不符合要求，扣2分，扣完为止		
	2.3	高压客户案例分析	结合实际案例分析高压客户供电方案答复中容易忽略的时限问题	16	每一处不符合要求，扣2分，扣完为止		
	2.4	充换电设施报装客户案例分析	结合实际案例分析充换电设施报装客户供电方案答复中容易忽略的时限问题	16	每一处不符合要求，扣2分，扣完为止		
	2.5	分布式电源客户案例分析	结合实际案例分析分布式电源客户供电方案答复中容易忽略的时限问题	16	每一处不符合要求，扣2分，扣完为止		
考评员记事							

说明：（1）单项扣分以实际配分为限，超过部分（除安全外）不再扣负分。

（2）最终成绩评分为实际操作得分

考评员签字：

____年____月____日

任务八　电压允许偏差

一、实训任务书

项目名称	电压允许偏差
实训内容	课时：1学时。 内容：①220V单相供电允许偏差值；②10kV及以下三相供电允许偏差值；③35kV及以上电压供电允许偏差值；④电压偏差对用电设备的危害

续表

<table>
<tr><td>基本要求</td><td>在电力系统正常状况下，供电企业供到客户受电端的供电电压允许偏差为：
（1）35kV 及以上电压供电的，电压正、负偏差的绝对值之和不超过额定值的10%。
（2）10kV 及以下三相供电的，为额定值的±7%。
（3）220V 单相供电的，为额定值的+7%，−10%。
（4）电压偏差对用电设备的危害。
1）电动机等电磁类用电设备。
a. 电压过高：长期在超过额定电压下运行会造成磁饱和使运行电流增大，温升增高，加速绝缘老化，缩短使用寿命。
b. 电压过低：电动机滑差加大造成启动困难，同时定子电流显著增加导致绕组温升增高，加速绝缘老化，缩短使用寿命，甚至烧毁电动机。
2）白炽灯等热光源用电设备。
a. 电压过高：电压升高使电流加大超过额定电流极易造成损害。例如当电压高于额定电压的10%时，白炽灯的寿命减少一半。
b. 电压过低：使设备不能正常发光。如白炽灯的电源电压低于额定电压的10%时，发光效率减少约30%。
3）家用电器设备。
a. 电压过高：当电压超过额定值时将使温升增加容易造成故障甚至损害。
b. 电压过低：电视机屏幕显示不稳定图像模糊甚至无法收看</td></tr>
<tr><td>工器具材料准备</td><td>学员桌椅、电力客户电压允许偏差的相关案例</td></tr>
<tr><td>学员准备及场地布置</td><td>（1）学员独立完成。
（2）电教室</td></tr>
<tr><td>目标</td><td>能掌握电压允许偏差值</td></tr>
</table>

二、实训考核评分标准

<table>
<tr><td colspan="2">姓名</td><td></td><td>工作单位</td><td colspan="3">供电公司</td><td>供电所</td><td rowspan="2">成绩</td><td rowspan="2"></td></tr>
<tr><td colspan="2">考核时间</td><td></td><td>时间记录</td><td>开始时间</td><td>时　分</td><td>结束时间</td><td>时　分</td></tr>
<tr><td colspan="2">项目名称</td><td colspan="8">电压允许偏差</td></tr>
<tr><td colspan="2">考核任务</td><td colspan="8">①220V 单相供电允许偏差值；②10kV 及以下三相供电允许偏差值；③35kV 及以上电压供电允许偏差值；④电压偏差对用电设备的危害</td></tr>
</table>

<table>
<tr><td colspan="2">项目</td><td>考核内容</td><td>考核要求</td><td>配分</td><td>评分标准</td><td>扣分</td><td>得分</td></tr>
<tr><td rowspan="3">电压允许偏差</td><td>1.1</td><td>220V 单相供电允许偏差值</td><td>220V 单相供电的，为额定值的+7%，−10%</td><td>25</td><td>每一处不符合要求，扣1分，扣完为止</td><td></td><td></td></tr>
<tr><td>1.2</td><td>10kV 及以下三相供电允许偏差值</td><td>10kV 及以下三相供电的，为额定值的±7%</td><td>25</td><td>每一处不符合要求，扣1分，扣完为止</td><td></td><td></td></tr>
<tr><td>1.3</td><td>35kV 及以上电压供电允许偏差值</td><td>35kV 及以上电压供电的，电压正、负偏差的绝对值之和不超过额定值的10%</td><td>25</td><td>每一处不符合要求，扣1分，扣完为止</td><td></td><td></td></tr>
<tr><td>电压偏差对用电设备的危害</td><td>2.1</td><td>电压偏差对用电设备的危害</td><td>掌握电压偏差对电磁类用电设备、热光源用电设备、家用电器设备的危害</td><td>25</td><td>每一处不符合要求，扣1分，扣完为止</td><td></td><td></td></tr>
<tr><td colspan="2">考评员记事</td><td colspan="6"></td></tr>
</table>

说明：（1）单项扣分以实际配分为限，超过部分（除安全外）不再扣负分。
（2）最终成绩评分为实际操作得分

考评员签字：
____年____月____日

任务九　功率因数考核

一、实训任务书

<table>
<tr><td>项目名称</td><td>功率因数考核</td></tr>
<tr><td>实训内容</td><td>课时：1学时。
内容：①功率因数考核范围及标准；②功率因数的计算方法</td></tr>
<tr><td>基本要求</td><td>1. 功率因数考核范围
（1）功率因数标准0.90，适用于160kVA以上的高压供电工业用户（包括社队工业用户）、装有带负荷调整电压装置的高压供电电力用户和3200kVA及以上的高压供电电力排灌站。
（2）功率因数标准0.85，适用于100kVA及以上的其他工业用户（包括社队工业用户）、100kVA（kW）及以上的非工业用户和100kVA（kW）及以上的电力排灌站。
（3）功率因数标准0.80，适用于100kVA（kW）及以上的农业用户和趸售用户，但大工业用户未划由电业部门直接管理的趸售用户，功率因数标准应为0.85。
2. 功率因数考核电费计算方法
（1）计算功率因数调整电费时，只以客户当月的基本电费与电度电费之合为电费调整基数，其他电价附加均不参与功率因数调整电费。
（2）根据计算的功率因数，高于或低于规定标准时，以客户当月的基本电费与电度电费之合为电费调整基数，按照功率因数调整电费表所规定的百分数增加或减少电费。
（3）实行分时电价客户，应以基本电费和实行丰枯峰谷分时电价的目录电费为基数，计算功率因数调整电费。
（4）对于多电源供电的客户，以每一个受电点作为一个计费单位，计算功率因数调整电费。
（5）未用电或季节性用电的，有功表计、无功表计的抄见电量为零时，除合同另有约定外，不再计算客户的功率因数调整电费</td></tr>
<tr><td>学员准备及场地布置</td><td>（1）学员自备一套工装。
（2）项目实施场地：客户服务实训室</td></tr>
<tr><td>目标</td><td>掌握功率因数考核办法及功率因数考核电费的计算方法</td></tr>
</table>

二、实训考核评分标准

<table>
<tr><td colspan="2">姓名</td><td></td><td>工作单位</td><td colspan="2">供电公司</td><td>供电所</td><td rowspan="2">成绩</td><td rowspan="2"></td></tr>
<tr><td colspan="2">考核时间</td><td></td><td>时间记录</td><td>开始时间</td><td>时　分</td><td>结束时间　时　分</td></tr>
<tr><td colspan="2">项目名称</td><td colspan="7">功率因数考核办法</td></tr>
<tr><td colspan="2">考核任务</td><td colspan="7">①功率因数考核范围及标准；②功率因数的计算方法</td></tr>
<tr><td colspan="2">项目</td><td>考核内容</td><td>考核要求</td><td>配分</td><td colspan="2">评分标准</td><td>扣分</td><td>得分</td></tr>
<tr><td>功率因数考核范围及标准</td><td>1.1</td><td>熟练掌握功率因数考核办法</td><td>熟练掌握功率因数考核范围和标准</td><td>60</td><td colspan="2">每一处不符合要求扣10分，扣完为止</td><td></td><td></td></tr>
<tr><td>功率因数的计算方法</td><td>1.2</td><td>熟练掌握功率因数考核电费的计算方法</td><td>熟练掌握功率因数考核电费的计算方法</td><td>40</td><td colspan="2">每一处不符合要求扣10分，扣完为止</td><td></td><td></td></tr>
<tr><td colspan="2">考评员记事</td><td colspan="7"></td></tr>
</table>

说明：（1）单项扣分以实际配分为限，超过部分（除安全外）不再扣负分。
（2）最终成绩评分为实际操作得分

考评员签字：

____年____月____日

任务十　报装专业术语

一、实训任务书

项目名称	报装专业术语
实训内容	课时：1学时。 内容：①了解业扩报装中专业术语；②掌握业扩报装中专业术语的定义
基本要求	1. 供电方案 指由供电企业提出，经供用双方协商后确定，满足客户用电需求的电力供应具体实施计划。供电方案可作为客户受电工程规划立项以及设计、施工建设的依据。 2. 主供电源 指能够正常有效且连续为全部用电负荷提供电力的电源。 3. 备用电源 指根据客户在安全、业务和生产上对供电可靠性的实际需求，在主供电源发生故障或断电时，能够有效且连续为全部或部分负荷提供电力的电源。 4. 自备应急电源 指由客户自行配备的，在正常供电电源全部发生中断的情况下，能够至少满足对客户保安负荷不间断供电的独立电源。 5. 双电源 指由两个独立的供电线路向同一个用电负荷实施的供电。这两条供电线路是由两个电源供电，即由来自两个不同方向的变电所或来自具有两回及以上进线的同一变电站内两段不同母线分别提供的电源。 6. 双回路 指为同一用电负荷供电的两回供电线路。 7. 保安负荷 指用于保障用电场所人身与财产安全所需的电力负荷。一般认为，断电后会造成下列后果之一的，为保安负荷： (1) 直接引发人身伤亡的。 (2) 使有毒、有害物溢出，造成环境大面积污染的。 (3) 将引起爆炸或火灾的。 (4) 将引起重大生产设备损坏的。 (5) 将引起较大范围社会秩序混乱或在政治上产生严重影响的。 8. 电能计量方式 指根据电能计量的不同对象，以及确定的客户供电方式和国家电价政策要求，确定电能计量点和电能计量装置配置原则。 9. 用电信息采集终端 指安装在用电信息采集点的设备，用于电能表数据的采集、数据管理、数据双向传输以及转发或执行控制命令。用电信息采集终端按应用场所分为专变采集终端、集中抄表终端（包括集中器、采集器）、分布式能源监控终端等类型。 10. 电能质量 指供应到客户受电端的电能品质的优劣程度。通常以电压允许偏差、电压允许波动和闪变、电压正弦波形畸变率、三相电压不平衡度、频率允许偏差等指标来衡量。 11. 谐波源 指向公共电网注入谐波电流或在公共电网中产生谐波电压的电气设备。如电气机车、电弧炉、整流器、逆变器、变频器、相控的调速和调压装置、弧焊机、感应加热设备气体放电灯以及有磁饱和现象的机电设备。 12. 大容量非线性负荷 指接入110kV及以上电压等级电力系统的电弧炉、轧钢设备、地铁、电气化铁路牵引机车，以及单台4000kVA及以上整流设备等具有波动性、冲击性、不对称性的负荷
学员准备及场地布置	(1) 学员自备一套工装。 (2) 客户服务实训室
目标	了解报装专业术语定义

二、实训考核评分标准

<table>
<tr><td>姓名</td><td></td><td>工作单位</td><td colspan="3">供电公司</td><td>供电所</td><td rowspan="2">成绩</td><td rowspan="2"></td></tr>
<tr><td>考核时间</td><td></td><td>时间记录</td><td>开始时间</td><td>时　分</td><td>结束时间</td><td>时　分</td></tr>
<tr><td>项目名称</td><td colspan="8">报装专业术语定义</td></tr>
<tr><td>考核任务</td><td colspan="8">报装专业术语定义</td></tr>
<tr><td colspan="2">项目</td><td>考核内容</td><td>考核要求</td><td>配分</td><td>评分标准</td><td>扣分</td><td>得分</td></tr>
<tr><td rowspan="12">业扩报装专业术语</td><td>1</td><td>供电方案</td><td>了解供电方案的定义，并能向客户清楚解释</td><td>8</td><td>每一处不符合要求扣 2 分，扣完为止</td><td></td><td></td></tr>
<tr><td>2</td><td>主供电源</td><td>了解主供电源的定义，并能向客户清楚解释</td><td>8</td><td>每一处不符合要求扣 2 分，扣完为止</td><td></td><td></td></tr>
<tr><td>3</td><td>备用电源</td><td>了解备用电源的定义，并能向客户清楚解释</td><td>8</td><td>每一处不符合要求扣 2 分，扣完为止</td><td></td><td></td></tr>
<tr><td>4</td><td>自备应急电源</td><td>了解自备应急电源的定义，并能向客户清楚解释</td><td>8</td><td>每一处不符合要求扣 2 分，扣完为止</td><td></td><td></td></tr>
<tr><td>5</td><td>双电源</td><td>了解双电源的定义，并能向客户清楚解释</td><td>8</td><td>每一处不符合要求扣 2 分，扣完为止</td><td></td><td></td></tr>
<tr><td>6</td><td>双回路</td><td>了解双回路的定义，并能向客户清楚解释</td><td>8</td><td>每一处不符合要求扣 2 分，扣完为止</td><td></td><td></td></tr>
<tr><td>7</td><td>保安负荷</td><td>了解保安负荷的定义，并能向客户清楚解释</td><td>8</td><td>每一处不符合要求扣 2 分，扣完为止</td><td></td><td></td></tr>
<tr><td>8</td><td>电能计量方式</td><td>了解电能计量方式的定义，并能向客户清楚解释</td><td>8</td><td>每一处不符合要求扣 2 分，扣完为止</td><td></td><td></td></tr>
<tr><td>9</td><td>用电信息采集终端</td><td>了解用电信息采集终端的定义，并能向客户清楚解释</td><td>8</td><td>每一处不符合要求扣 2 分，扣完为止</td><td></td><td></td></tr>
<tr><td>10</td><td>电能质量</td><td>了解电能质量的定义，并能向客户清楚解释</td><td>8</td><td>每一处不符合要求扣 2 分，扣完为止</td><td></td><td></td></tr>
<tr><td>11</td><td>谐波源</td><td>了解谐波源的定义，并能向客户清楚解释</td><td>10</td><td>每一处不符合要求扣 2 分，扣完为止</td><td></td><td></td></tr>
<tr><td>12</td><td>大容量非线性负荷</td><td>了解大容量非线性负荷的定义，并能向客户清楚解释</td><td>10</td><td>每一处不符合要求扣 2 分，扣完为止</td><td></td><td></td></tr>
<tr><td>考评员记事</td><td colspan="8"></td></tr>
</table>

说明：（1）单项扣分以实际配分为限，超过部分（除安全外）不再扣负分。

（2）最终成绩评分为实际操作得分

考评员签字：

____年____月____日

实训情境三 工 程 设 计

任务一 工程设计单位资质审查

一、实训任务书

项目名称	重要客户工程设计文件资料资质审查
实训内容	课时：1学时。 内容：①受理客户提供的设计文件资料；②审查设计单位资质；③对不具备相关资质或不在有效期的设计文件填写《客户受电工程设计文件审查意见单》；④资料归档
基本要求	（1）受理客户提供的设计文件资料。受理客户提供的设计文件资料，引导客户填写《客户受电工程设计文件送审单》，收集整理客户提供的设计图纸、设计单位资质等级证书复印件。 （2）审查设计单位资质。 1）根据中华人民共和国建设部2007年修订的《工程设计资质标准》规定，只要取得工程设计综合资质，电力行业工程设计丙级（变电工程、送电工程）以上资质的企业就可进行20kV及以下客户受电工程设计；35kV及以上客户受电工程设计单位必须取得相应的设计资质，35kV及以上受电工程设计单位资质应符合下列要求： a. 35kV及110kV受电工程的设计单位必须取得工程设计资质（同20kV及以下客户工程）。 b. 220kV受电工程的设计单位必须取得工程设计综合资质、电力行业设计乙级（变电工程、送电工程）以上资质、电力专业工程设计乙级（变电工程、送电工程）以上资质。 c. 330kV及以上受电工程的设计单位必须取得工程设计综合资质、电力行业设计甲级（变电工程、送电工程）资质、电力专业工程设计甲级（变电工程、送电工程）资质。 2）审查设计单位资质的有效期。 （3）对不具备相关资质或不在有效期的设计文件，填写《客户受电工程设计文件审查意见单》告知客户委托具备相关设计资质的设计单位进行设计。 （4）资料归档：按照一户一档的管理要求，将符合设计资质的完整设计文件资料及《客户受电工程设计文件审查意见单》统一装订成册，并转至下一流程归类存放
工器具材料准备	文具、桌椅、《客户受电工程设计文件送审单》、《设计单位的资质证明》、《客户受电工程设计文件审查意见单》、打印机、图纸审核专用章、档案袋
学员准备及场地布置	（1）学员自备一套工装。 （2）项目实施场地：客户服务实训室
目标	熟练掌握各电压等级所必须具备的设计单位资质

二、实训考核评分标准

姓名		工作单位		供电公司		供电所	成绩	
考核时间		时间记录	开始时间	时 分	结束时间	时 分		
项目名称	重要客户工程设计单位资质审核							
考核任务	①受理客户提供的设计文件资料；②审查设计单位资质；③对不具备相关资质或不在有效期的设计文件，填写《客户受电工程设计文件审查意见单》；④资料归档							

续表

项目		考核内容	考核要求	配分	评分标准	扣分	得分
收集设计资料	1.1	受理客户提供的设计文件资料	引导客户填写《客户受电工程设计文件送审单》，并核对是否无误	20	每一处不符合要求，扣 2 分，扣完为止		
	1.2	收集整理客户提供的设计图纸	收集整理客户提供的设计图纸，一式两份，核对是否完整	20	每一处不符合要求，扣 5 分，扣完为止		
资质审查	2.1	审查设计单位资质	判断客户送审的设计单位资质证明是否具备设计资质	20	每一处不符合要求，扣 10 分，扣完为止		
审核结果	3.1	填写《客户受电工程设计文件审查意见单》	对于设计单位不在有效期或未取得相关资质的设计文件资料，应一次性书面答复客户，填写《客户受电工程设计文件审查意见单》告知客户委托具备相关设计资质的设计单位进行设计	20	每一处不符合要求，扣 2 分，扣完为止		
资料归档	4.1	资料归档	按照一户一档的管理要求，将符合设计资质的完整设计文件资料及《客户受电工程设计文件审查意见单》统一装订成册，并转至下一流程归类存放	20	每一处不符合要求，扣 5 分，扣完为止		
考评员记事							

说明：（1）单项扣分以实际配分为限，超过部分（除安全外）不再扣负分。
（2）最终成绩评分为实际操作得分

考评员签字：
____年____月____日

三、相关表单

1. 客户受电工程设计文件送审单

客户受电工程设计文件送审单

95598

客户基本信息				（档案标识二维码，系统自动生成）
户号		申请编号		
户名				
联系人		联系电话		

设计单位信息			
设计单位		设计资质	
联系人		联系电话	

续表

<table>
<tr><th colspan="3">送审信息</th></tr>
<tr><td colspan="3">有关说明：</td></tr>
<tr><td>意向接电时间</td><td colspan="2">年　月　日</td></tr>
<tr><td colspan="3">我户受电工程设计文件已完成，请予审核。
客户签名：________</td></tr>
<tr><td rowspan="2">供电企业填写</td><td>受理人：</td><td></td></tr>
<tr><td>受理日期：　　年　月　日</td><td>（系统自动生成）</td></tr>
</table>

2. 客户受电工程设计文件审查意见单

国家电网 STATE GRID
你用电·我用心 Your Power Our Care

客户受电工程设计文件审查意见单

95598

<table>
<tr><td>户号</td><td></td><td>申请编号</td><td></td><td rowspan="4">（档案标识二维码，系统自动生成）</td></tr>
<tr><td>户名</td><td colspan="3"></td></tr>
<tr><td>用电地址</td><td colspan="3"></td></tr>
<tr><td>联系人</td><td></td><td>联系电话</td><td></td></tr>
<tr><td colspan="5">审查意见（可附页）：
供电企业（盖章）：</td></tr>
<tr><td>客户经理</td><td></td><td>审图日期</td><td colspan="2">年　月　日</td></tr>
<tr><td>主管</td><td></td><td>批准日期</td><td colspan="2">年　月　日</td></tr>
<tr><td colspan="5">客户签收：　　　　年　月　日</td></tr>
<tr><td>其他说明</td><td colspan="4">特别提醒：用户一旦发生变更，发生重新送审，否则供电企业将不予检验和接电</td></tr>
</table>

任务二　重要客户工程设计文件资料审核及时限要求

一、实训任务书

项目名称	重要客户工程设计文件资料审查及时限要求
实训内容	课时：1学时。 内容：①核对客户工程设计文件资料；②发起SG186营销系统设计文件审查流程；③组织协调相关部门开展工程设计文件审查工作；④出具《客户受电工程设计审查意见单》；⑤资料归档

续表

基本要求	（1）核对客户工程设计文件资料。核对客户工程设计文件资料，包括《供电方案答复单》、《客户受电工程设计文件送审单》、《设计单位资质等级证书复印件》、特殊负荷《电能质量评估报告》及《设计图纸》一式两份是否完整。 （2）核对客户工程设计文件资料无误后，在一个工作日内发起SG186营销系统设计文件审查流程，填入工程设计文件相关资料。 （3）组织协调相关部门审查工程设计文件资料。组织协调相关部门依照国家标准、行业标准及相关规程在5个工作日内对客户受电工程设计文件和有关资料进行审查。 （4）出具审查工程图纸审查结果通知单。工程设计图纸审查后，将审查结果填写在《客户受电工程设计审查意见单》中，以书面形式答复客户。答复时在审查通过的工程设计文件上加盖图纸审查专用章，并将审查通过的受电工程设计文件和有关资料一并退还客户，告知客户下一个环节需要注意的事项。同时进入SG186营销信息系统，填入工程设计文件审查结果，并发送至下一环节。 对需要变更设计的，告知客户需要填写《客户受电工程变更设计申请联系单》，经供电企业批准后，应将变更后的设计文件再次送审，通过审查后方可据以施工，否则，供电企业将不予检验和接电。 （5）资料归档。按照一户一档的管理要求，将办理完毕的《工程设计文件资料》，统一装订成册，归类存放
工器具材料准备	文具、桌椅、《工程设计文件资料》、《客户受电工程设计审查意见单》、具备SG186营销信息系统的学员电脑、打印机、图纸审查专用章、档案袋
学员准备及场地布置	（1）学员自备一套工装。 （2）项目实施场地：客户服务实训室
目标	熟练掌握审查工程设计图纸业务流程及时限要求

二、实训考核评分标准

姓名			工作单位	供电公司		供电所	成绩	
考核时间			时间记录	开始时间	时　分	结束时间	时　分	
项目名称	重要客户工程设计文件资料审查							
考核任务	①核对客户工程设计文件资料；②SG186营销信息系统流程发起；③图纸审查工作准备；④出具审查工程图纸审查结果通知单；⑤资料归档							
项目		考核内容	考核要求	配分	评分标准	扣分	得分	
资料核查	1.1	核对客户工程设计文件资料	核对客户工程设计文件资料，包括《供电方案答复单》、《设计单位资质等级证书复印件》《客户受电工程设计文件送审单》、及《设计图纸》一式两份是否完整	20	每一处不符合要求，扣5分，扣完为止			
	1.2		依据客户的负荷性质，查看是否有特殊负荷，核对是否具备相关资质的《电能质量评报告》	10	每一处不符合要求，扣5分，扣完为止			
系统操作	2.1	SG186系统操作	进入SG186营销系统，填入工程设计文件相关资料，发起设计文件审查流程	10	每一处不符合要求，扣5分，扣完为止			
组织审查	3.1	图纸审查工作准备	依据客户供电电压等级正确组织协调相关部门开展设计审查工作，确实审查时间	10	无法正确组织不得分，确定审查时间超时不得分			

续表

项目		考核内容	考核要求	配分	评分标准	扣分	得分
审查结果	4.1	出具审查工程图纸审查结果通知单	审查通过的设计图纸应在工程设计文件上加盖图纸审查专用章，出具《客户受电工程设计审查意见单》，并告知客户下一个环节需要注意的事项	20	每一处不符合要求，扣5分，扣完为止		
	4.2	出具审查工程图纸审查结果通知单	审查未通过的设计图纸出具《客户受电工程设计审查意见单》，并告知客户设计图纸通过审查后方可据以施工，否则，供电企业将不予检验和接电	10	每一处不符合要求，扣5分，扣完为止		
	4.3	SG186系统操作	设计图纸审查后，进入SG186营销信息系统，填入工程设计文件审查结果，审查通过的项目发送至下一环节	10	每一处不符合要求，扣5分，扣完为止		
资料归档	5.1	资料归档	一户一档存放，资料齐全	10	未完成不得分		
考评员记事							

说明：(1) 单项扣分以实际配分为限，超过部分（除安全外）不再扣负分。
(2) 最终成绩评分为实际操作得分

考评员签字：
____年____月____日

三、相关表单

1. 客户受电工程设计文件送审单

客户受电工程设计文件送审单

<table>
<tr><td colspan="4">客户基本信息</td><td rowspan="4">（档案标识二维码，系统自动生成）</td></tr>
<tr><td>户号</td><td></td><td>申请编号</td><td></td></tr>
<tr><td>户名</td><td colspan="3"></td></tr>
<tr><td>联系人</td><td></td><td>联系电话</td><td></td></tr>
<tr><td colspan="5">设计单位信息</td></tr>
<tr><td>设计单位</td><td colspan="2"></td><td>设计资质</td><td></td></tr>
<tr><td>联系人</td><td colspan="2"></td><td>联系电话</td><td></td></tr>
<tr><td colspan="5">送审信息</td></tr>
<tr><td colspan="5">有关说明：</td></tr>
<tr><td>意向接电时间</td><td colspan="4">年　月　日</td></tr>
<tr><td colspan="5">我户受电工程设计文件已完成，请予审核。
客户签名：________</td></tr>
<tr><td rowspan="2">供电企业填写</td><td colspan="2">受理人：</td><td colspan="2"></td></tr>
<tr><td colspan="2">受理日期：　　年　月　日</td><td colspan="2">（系统自动生成）</td></tr>
</table>

2. 客户受电工程设计文件审查意见单

你用电·我用心
Your Power Our Care

客户受电工程设计文件审查意见单

<table>
<tr><td>户号</td><td></td><td>申请编号</td><td></td><td rowspan="4">（档案标识二维码，系统自动生成）</td></tr>
<tr><td>户名</td><td colspan="3"></td></tr>
<tr><td>用电地址</td><td colspan="3"></td></tr>
<tr><td>联系人</td><td></td><td>联系电话</td><td></td></tr>
<tr><td colspan="5">审查意见（可附页）：

供电企业（盖章）：</td></tr>
<tr><td>客户经理</td><td colspan="2"></td><td>审图日期</td><td>年 月 日</td></tr>
<tr><td>主管</td><td colspan="2"></td><td>批准日期</td><td>年 月 日</td></tr>
<tr><td colspan="4">客户签收：</td><td>年 月 日</td></tr>
<tr><td>其他说明</td><td colspan="4">特别提醒：用户一旦发生变更，发生重新送审，否则供电企业将不予检验和接电</td></tr>
</table>

3. 客户受电工程变更设计申请联系单

客户受电工程变更设计申请联系单

<table>
<tr><td colspan="4">客户基本信息</td></tr>
<tr><td>户号</td><td></td><td>申请编号</td><td></td></tr>
<tr><td>户名</td><td colspan="3"></td></tr>
<tr><td>联系人</td><td></td><td>联系电话</td><td></td></tr>
<tr><td colspan="4">供电公司：
我单位受电工程设计文件以下内容需要进行变更设计，现物提出变更设计申请，主要变更如下：

客户签名：
年 月 日</td></tr>
<tr><td colspan="4">供电企业意见：

供电企业（盖章）：</td></tr>
<tr><td colspan="4">客户签收（单位盖章）： 年 月 日</td></tr>
<tr><td>其他说明</td><td colspan="3">特别提醒：用户受电工程的设计文件，未经供电企业审核同意，用户不得据以施工，否则供电企业将不予检验和接电</td></tr>
</table>

实训情境四　工　程　建　设

任务一　竣　工　验　收

一、实训任务书

项目名称	竣工验收
实训内容	课时：2 学时。 内容：①竣工验收前准备；②现场检查；③资料归档
基本要求	1. 竣工验收前准备 （1）受电工程竣工验收前，组织其生产、调度部门做好接电前新受电设施接入系统的准备和进线继电保护的整定、检验工作。 （2）受理客户竣工验收申请时，审核客户相关报送材料是否齐全有效，填写《客户受电工程竣工报验单》，并与客户预约验收时间，及时通知本单位参与工程验收的相关部门。 （3）进入 SG186 营销信息系统，按照要求填写相关信息并发送至下一环节。 2. 现场检查 （1）现场危险点辨识及预控：误碰带电设备触电；误入运行设备区域触电、客户生产危险区域；现场通道照明不足，基建工地易发生高空落物，碰伤、扎伤、摔伤等意外；现场安装设备与审核合格的设计图纸不符，私自改变接线方式或运行方式；根据相关要求做好现场危险点预控措施。 （2）竣工验收：针对客户受电工程中与电网系统直接连接的受电装置进行检查；对配置自备应急电源的客户工程，检验范围可延伸至自备应急电源及其投切装置、装置接地等。 （3）整改及复验：对检查中发现的问题，以《客户受电工程竣工检验意见单》的形式一次性通知客户整改。客户整改完成后，应报请供电企业复验。 （4）完成系统流程：进入 SG186 营销信息系统完成竣工验收流程。 3. 资料归档 按照一户一档的管理要求，将办理完毕的《客户受电工程竣工报验单》、《客户受电工程竣工检验意见单》及客户提供材料，统一装订成册，归类存放
工器具材料准备	桌椅一套、中间检查报验资料、《客户受电工程竣工报验单》、《客户受电工程竣工检验意见单》、带 SG186 营销信息系统计算机一台、档案袋
学员准备及场地布置	（1）学员自备一套工装。 （2）项目实施场地：客户服务实训室
目标	熟练掌握重要客户竣工验收的工作事项

二、实训考核评分标准

姓名		工作单位	供电公司		供电所		成绩	
考核时间		时间记录	开始时间	时　分	结束时间	时　分		
项目名称	竣工验收							
考核任务	①竣工验收前准备；②现场检验；③资料归档							

续表

项目		考核内容	考核要求	配分	评分标准	扣分	得分
竣工验收前准备	1.1	受理竣工验收	受理客户竣工验收申请时，审核客户相关报送材料是否齐全有效，填写《客户受电工程竣工报验单》	10	每一处不符合要求，扣5分，扣完为止		
	1.2		组织生产、调度部门，做好接电前新受电设施接入系统的准备和进线继电保护的整定、检验工作	10	未完成不得分		
	1.3	预约检查时间	与客户预约检查时间，时限满足要求，并通知相关部门人员按时参与；受理客户竣工报验申请时，应与客户洽谈意向接电时间	10	每一处不符合要求，扣5分，扣完为止		
	1.4	SG186系统操作	进入SG186营销信息系统，正确操作流程	10	未完成不得分		
现场勘查	2.1	现场危险点辨识及预控	识别现场危险点，根据相关要求做好现场危险点预控措施	15	每一处不符合要求，扣5分，扣完为止		
	2.2	现场检查	组织单位技术人员对客户受电工程开展竣工验收	20	每一处不符合要求，扣5分，扣完为止		
	2.3	整改及复验	对检查中发现的问题，以《客户受电工程竣工检验意见单》的形式一次性通知客户整改，复验合格后方可继续施工	10	每一处不符合要求，扣5分，扣完为止		
	2.4	完成系统流程	进入SG186营销信息系统完成中间检查流程	10	未完成不得分		
资料归档	3.1	规范入档	一户一档存放，资料齐全	5	未完成不得分		
考评员记事							

说明：（1）单项扣分以实际配分为限，超过部分（除安全外）不再扣负分。
（2）最终成绩评分为实际操作得分

考评员签字：

____年____月____日

三、相关表单

1. 客户受电工程竣工报验单

客户受电工程竣工报验单

客户基本信息				（档案标识二维码，系统自动生成）
户号		申请编号		
户名				
用电地址				
联系人		联系电话		

续表

施工单位信息			
施工单位		施工资质	
联系人		联系电话	
报验信息			
有关说明：			
意向接电时间	年　月　日		
我户受电工程已竣工，请予检查。 客户签名：________			
供电企业填写	受理人：		
	受理日期：　　年　月　日　　（系统自动生成）		

2. 客户受电工程竣工检验意见单

客户受电工程竣工检验意见单

95598

户号		申请编号		（档案标识二维码，系统自动生成）
户名				
用电地址				
联系人		联系电话		
资料检验			检验结果（合格打"√"，不合格填写不合格具体内容）	
高压设备型式试验报告				
低压设备 3C 认证书				
值班人员名单及相应资格				
安全工器具清单及试验报告				
运行管理制度				
现场检验意见（可附页）： 供电企业（盖章）：				
检验人		检验日期	年　月　日 （系统自动生成）	
客户签收：			年　月　日	

实训情境五　送　　电

任务一　低压非居民供用电合同起草

一、实训任务书

项目名称	低压非居民供用电合同起草
实训内容	课时：4 学时。 内容：①收集合同起草依据；②起草合同；③合同起草基本规范
基本要求	1. 收集合同起草依据 《低压非居民用电登记表》、《低压供电方案答复单》。 2. 起草合同 （1）使用统一国家电网公司合同模板（2014）起草。 （2）正确填写用电基本情况。包括用电地址、用电性质、用电容量、供电方式。 （3）明确产权分界点和运行维护责任划分。 （4）约定计量关系、电价及电费结算。 （5）供用电双方应承担的责任与义务。 （6）禁止行为与违约责任处理。 （7）合同生效、转让与变更。 （8）特别约定、附则等。 3. 合同起草基本规范 供用电合同应根据国家颁布的法律法规依法订立，合同条款叙述清晰、用语规范、文字严谨，供用电内容完整、信息准确。使用 A4 纸张双面打印
工器具材料准备	桌椅、文具、《低压非居民用电登记表》、《低压供电方案答复单》、低压供用电合同模板
学员准备及场地布置	（1）学员独立完成。 （2）项目实施场地：客户服务实训室
目标	熟练掌握低压非居民供用电合同起草的工作内容

二、实训考核评分标准

姓名			工作单位	供电公司		供电所	成绩	
考核时间			时间记录	开始时间	时　分	结束时间	时　分	
项目名称	低压非居民供用电合同起草							
考核任务	①收集合同起草依据；②起草合同；③合同起草基本规范							
项目		考核内容	考核要求	配分	评分标准	扣分	得分	
收集起草依据	1.1	收集合同起草依据	《低压非居民用电登记表》、《低压供电方案答复单》	10	每一处不符合要求，扣 5 分，扣完为止			
起草合同	2.1	选定模板	使用统一国家电网公司合同模板（2014）起草	5	每一处不符合要求，扣 5 分，扣完为止			
起草合同	2.2	合同起草	正确填写合同条款相关内容	75	每一处不符合要求，扣 2 分，扣完为止			

续表

项目		考核内容	考核要求	配分	评分标准	扣分	得分
合同起草基本规范	3.1	作业规范	依法订立，合同条款叙述清晰、用语规范、文字严谨，供用电内容完整、信息准确	5	不符合要求不得分		
	3.2	文明办公	客户信息保密，废弃草稿妥善销毁	5	不符合要求不得分		
考评员记事							

说明：(1) 单项扣分以实际配分为限，超过部分（除安全外）不再扣负分。
(2) 最终成绩评分为实际操作得分

考评员签字：
____年____月____日

三、低压非居民供用电合同起草范例（参见本书附录A）

任务二　送电工作单填写

一、实训任务书

项目名称	送电工作单填写
实训内容	课时：2学时。 内容：①收集送电资料；②填写送电工作单；③资料归档
基本要求	1. 收集送电资料 《供电方案答复单》、《受电工程竣工检验报告》。 2. 填写送电工作单 (1) 使用国网公司统一《新装（增容）送电单》。 (2) 正确填写用电基本情况。包括户号、申请编号、户名、用电地址、联系人、联系电话、申请容量、合计容量。 (3) 正确填写受电工程送电信息。包括电源编号、电源性质、电源类型、供电电压、变电站、线路、杆号、变压器台数、变压器容量。 (4) 根据现场情况填写送电结果、意见和送电时间。 (5) 供用电双方签字确认。 3. 资料归档 《新装（增容）送电单》一式2份，供用电双方各持1份。履行签字手续后及时归入用户档案。永久保存
工器具材料准备	桌椅、文具、《供电方案答复单》、《受电工程竣工检验报告》简要说明、《新装（增容）送电单》
学员准备及场地布置	(1) 学员独立完成。 (2) 学员自备现场工作服一套。 (3) 项目实施场地：客户服务实训室
目标	熟练掌握规范填写送电工作单的工作内容

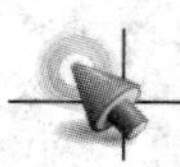

二、实训考核评分标准

姓名		工作单位	供电公司		供电所	成绩	
考核时间		时间记录	开始时间	时　分	结束时间	时　分	
项目名称	送电工作单填写						
考核任务	①收集送电资料；②填写送电工作单；③资料归档						

项目		考核内容	考核要求	配分	评分标准	扣分	得分
收集送电资料	1.1	收集送电资料	《供电方案答复单》、《受电工程竣工检验报告》	10	每一处不符合要求，扣5分，扣完为止		
正确填写送电工作单	2.1	使用规范格式	使用国网公司统一《新装（增容）送电单》	5	每一处不符合要求，扣5分，扣完为止		
	2.2	正确填写用电基本情况	根据《供电方案答复单》，正确填写户号、申请编号、户名、用电地址、联系人、联系电话、申请容量、合计容量等用电基本情况	24	每一处不符合要求，扣2分，扣完为止		
	2.3	正确填写受电工程基本信息	根据《供电方案答复单》和《受电工程竣工检验报告》简要说明，正确填写送电项目电源编号、电源性质、电源类型、供电电压、变电所、线路、杆号、变压器台数、变压器容量等信息	27	不符合要求不得分		
	2.4	填写送电结论和送电时间	根据现场送电情况，填写送电结果、意见和送电时间	14	不符合要求不得分		
	2.5	签字确认	参与送电工作供电单位人员、用户在《新装（增容）送电单》上签字确认	10	不符合要求不得分		
资料归档	3.1	口述资料归档基本要求	《新装（增容）送电单》一式2份，供用电双方各持1份。履行签字手续后及时归入用户档案。永久保存	10	不符合要求不得分		
考评员记事							

说明：（1）单项扣分以实际配分为限，超过部分（除安全外）不再扣负分。
（2）最终成绩评分为实际操作得分

考评员签字：
____年____月____日

三、新装（增容）送电工作单范本

新装（增容）送电单

95598

户号		申请编号		（档案标识二维码，系统自动生成）
户名				
用电地址				
联系人		联系电话		
申请容量		合计容量		

续表

<table>
<tr><td>电源编号</td><td>电源性质</td><td>电源类型</td><td>供电电压</td><td>变电站</td><td>线路</td><td>杆号</td><td>变压器台数</td><td>变压器容量</td></tr>
<tr><td></td><td></td><td></td><td></td><td></td><td></td><td></td><td></td><td></td></tr>
<tr><td></td><td></td><td></td><td></td><td></td><td></td><td></td><td></td><td></td></tr>
<tr><td></td><td></td><td></td><td></td><td></td><td></td><td></td><td></td><td></td></tr>
<tr><td></td><td></td><td></td><td></td><td></td><td></td><td></td><td></td><td></td></tr>
<tr><td></td><td></td><td></td><td></td><td></td><td></td><td></td><td></td><td></td></tr>
<tr><td></td><td></td><td></td><td></td><td></td><td></td><td></td><td></td><td></td></tr>
<tr><td colspan="9">送电结果和意见：</td></tr>
<tr><td>送电人</td><td colspan="4"></td><td colspan="2">送电日期</td><td colspan="2">年　月　日</td></tr>
<tr><td colspan="9">客户意见：</td></tr>
<tr><td colspan="9">客户签收：　　　　年　月　日</td></tr>
</table>

实训情境六　业扩报装服务规范与技巧

任务一　现 场 服 务 规 范

一、实训任务书

<table>
<tr><td>项目名称</td><td>客户经理现场服务规范</td></tr>
<tr><td>实训内容</td><td>课时：2学时。
内容：①服务礼仪规范；②现场服务内容</td></tr>
<tr><td>基本要求</td><td>1. 服务礼仪规范
（1）形象规范：着装统一、整洁、得体，仪容自然、端庄、大方，微笑适时适度，尊敬友善；眼神神情专注，正视对方。
（2）行为规范：站姿挺拔匀称、自然优美；坐姿高雅庄重、自然大方；走姿优雅稳重、协调匀速；蹲姿从容稳定、优雅自然；手势准确规范、简洁明快。
（3）语言规范：使用普通话服务，并按标准的服务用语应答。
（4）礼仪规范：
称呼礼仪：主动、准确地称呼对方，用尊称向对方问候。
接待礼仪：热情迎候，周到服务，送客有礼。
握手礼仪：身到，笑到，手到、眼到、问候到；把握“尊者决定，尊者先行”的原则；注重握手方式的规范。
递接礼仪：正面相对，面带微笑，单据的文字正对对方，双手或右手递接；交接钱物时双手递接，做到唱收唱付，轻拿轻放，不抛不弃。</td></tr>
</table>

续表

基本要求	电话礼仪：拨打适宜，接听及时，标准首问，语调柔和，音量适中，遵循“3分钟原则”，挂机有礼。 2. 现场服务内容 （1）供电方案答复：业务受理、现场勘查、确定供电方案、供电方案答复。 （2）工程设计：工程设计、设计图纸审核、业务收费。 （3）工程建设：客户工程施工、电网配套工程建设、中间检查、竣工验收、计量配置与安装、停送电计划制订。 （4）送电：供用电合同、调度协议签订、送电、资料归档
工器具材料准备	座椅、单据、零钱、纸杯、电话等
学员准备及场地布置	（1）学员自备一套工装。 （2）四名学员组成一个任务小组。 （3）项目实施场地：客户服务实训室
目标	熟练掌握客户经理服务礼仪规范及现场服务内容

二、实训考核评分标准

姓名			工作单位		供电公司		供电所	成绩	
考核时间			时间记录	开始时间	时　分	结束时间	时　分		
项目名称	客户经理现场服务规范								
考核任务	①服务礼仪规范；②现场服务内容								
项目		考核内容	考核要求		配分	评分标准		扣分	得分
服务礼仪规范	1.1	形象规范	着装统一、整洁、得体；仪容自然、端庄、大方；微笑适时适度，尊敬友善；眼神神情专注，正视对方		5	每一处不符合要求，扣1分，扣完为止			
	1.2	行为规范	站姿挺拔匀称、自然优美；坐姿高雅庄重、自然大方；走姿优雅稳重、协调匀速；蹲姿从容稳定、优雅自然；手势准确规范、简洁明快		10	每一处不符合要求，扣2分，扣完为止			
	1.3	语言规范	使用普通话服务，并按标准的服务用语应答		10	每一处不符合要求，扣1分，扣完为止			
	1.4	礼仪规范	称呼礼仪：主动、准确地称呼对方，用尊称向对方问候。 接待礼仪：热情迎候，周到服务，送客有礼。 握手礼仪：身到、笑到、手到、眼到、问候到。把握“尊者决定，尊者先行”的原则。注重握手方式的规范。 递接礼仪：正面相对，面带微笑，单据的文字正对对方，双手或右手递接；交接钱物时双手递接，做到唱收唱付，轻拿轻放，不抛不弃。 电话礼仪：拨打适宜，接听及时，标准首问，语调柔和，音量适中，遵循“3分钟原则”，挂机有礼		15	每一处不符合要求，扣3分，扣完为止			

续表

项目		考核内容	考核要求	配分	评分标准	扣分	得分
现场服务内容	2.1	供电方案答复	能准确回答业务受理、现场勘查、确定供电方案、供电方案答复相关服务内容	15	每一处不符合要求，扣1分，扣完为止		
	2.2	工程设计	能准确回答工程设计、设计图纸审核、业务收费相关服务内容	15	每一处不符合要求，扣1分，扣完为止		
	2.3	工程建设	能准确回答客户工程施工、电网配套工程建设、中间检查、竣工验收、计量配置与安装、停送电计划制订相关服务内容	15	每一处不符合要求，扣1分，扣完为止		
	2.4	送电	能准确回答供用电合同、调度协议签订、送电、资料归档相关服务内容	15	每一处不符合要求，扣1分，扣完为止		
考评员记事							

说明：(1) 单项扣分以实际配分为限，超过部分（除安全外）不再扣负分。
(2) 最终成绩评分为实际操作得分

考评员签字：
____年____月____日

第二篇　客户经理实训指导（中级）

实训情境一　业扩报装基础知识

任务一　高压新装（增容）报装流程与时限

一、实训任务书

项目名称	高压新装（增容）报装流程与时限
实训内容	课时：2学时。 内容：①10kV项目工程流程与时限；②35kV及以上项目工程流程与时限
基本要求	1. 10kV工程项目（见下表）

阶段名称	环节名称	客户分类	环节时限（工作日）
供电方案答复	受理申请	所有客户	当日录入系统
	现场勘查		2
	确定供电方案	所有客户	单10/双25
	供电方案答复	所有客户	1
工程设计	工程设计	所有客户	—
	设计图纸审查	重要客户、有特殊负荷的客户	5
	业务收费	需交纳业务费的客户	—
工程建设	客户工程施工	所有客户	—
	电网配套工程施工	有电网配套工程的客户	60
	中间检查	有隐蔽工程重要客户、有特殊负荷客户	5
	竣工验收	所有高压客户	5
	装表		
	停（送）电计划制订		
送电	供用电合同签订	所有高压客户	5
	调度协议签订	调度管辖或许可的客户	
	送电	所有高压客户	

续表

<table>
<tr><td>项目名称</td><td>高压新装（增容）报装流程与时限</td></tr>
<tr><td>基本要求</td><td>2. 35kV 工程项目
<table>
<tr><th>阶段</th><th>环节名称</th><th>客户分类</th><th>环节时限
（工作日）</th></tr>
<tr><td rowspan="4">供电方案答复</td><td>受理申请</td><td rowspan="2">所有高压客户</td><td>当日录入系统</td></tr>
<tr><td>现场勘查</td><td>2</td></tr>
<tr><td>确定供电方案</td><td>35kV 及以上</td><td>单 11/双 26</td></tr>
<tr><td>供电方案答复</td><td>所有高压客户</td><td>1</td></tr>
<tr><td rowspan="3">工程设计</td><td>工程设计</td><td>35kV 及以上</td><td>—</td></tr>
<tr><td>设计图纸审查</td><td>高压重要客户</td><td>5</td></tr>
<tr><td>业务收费</td><td>需交纳业务费的客户</td><td>—</td></tr>
<tr><td rowspan="6">工程建设</td><td>客户工程施工</td><td>35kV 及以上</td><td>—</td></tr>
<tr><td>电网配套工程施工</td><td>有电网配套工程的项目</td><td>—</td></tr>
<tr><td>中间检查</td><td>有隐蔽工程的重要客户</td><td>5</td></tr>
<tr><td>竣工验收</td><td rowspan="3">所有高压客户</td><td rowspan="3">5</td></tr>
<tr><td>装表</td></tr>
<tr><td>停（送）电计划制订</td></tr>
<tr><td rowspan="3">送电</td><td>供用电合同签订</td><td>所有高压客户</td><td rowspan="3">5</td></tr>
<tr><td>调度协议签订</td><td>调度管辖或许可的客户</td></tr>
<tr><td>送电</td><td>所有高压客户</td></tr>
</table></td></tr>
<tr><td>工器具材料准备</td><td>桌椅</td></tr>
<tr><td>学员准备及场地布置</td><td>（1）学员自备一套工装。
（2）学员独立完成</td></tr>
<tr><td>目标</td><td>熟练掌握高压新装（增容）报装流程与时限相关要求</td></tr>
</table>

二、实训考核评分标准

<table>
<tr><td colspan="2">姓名</td><td></td><td>工作单位</td><td colspan="3">供电公司</td><td>供电所</td><td rowspan="2">成绩</td><td></td></tr>
<tr><td colspan="2">考核时间</td><td></td><td>时间记录</td><td>开始时间</td><td>时　分</td><td>结束时间</td><td>时　分</td><td></td></tr>
<tr><td colspan="2">项目名称</td><td colspan="9">高压新装（增容）报装流程与时限</td></tr>
<tr><td colspan="2">考核任务</td><td colspan="9">①10kV 项目工程流程与时限；②35kV 及以上项目工程流程与时限</td></tr>
<tr><td colspan="2">项目</td><td>考核内容</td><td colspan="3">考核要求</td><td>配分</td><td colspan="2">评分标准</td><td>扣分</td><td>得分</td></tr>
<tr><td rowspan="2">10kV 工程项目</td><td>1.1</td><td>基本流程</td><td colspan="3">掌握 10kV 高压新装（增容）业务的基本流程</td><td>25</td><td colspan="2">每一处不符合要求，扣 5 分，扣完为止</td><td></td><td></td></tr>
<tr><td>1.2</td><td>时限要求</td><td colspan="3">掌握 10kV 高压新装（增容）业务的流程时限要求</td><td>25</td><td colspan="2">每一处不符合要求，扣 5 分，扣完为止</td><td></td><td></td></tr>
</table>

续表

<table>
<tr><th colspan="2">项目</th><th>考核内容</th><th>考核要求</th><th>配分</th><th>评分标准</th><th>扣分</th><th>得分</th></tr>
<tr><td rowspan="2">35kV及以上工程项目</td><td>2.1</td><td>基本流程</td><td>掌握35kV及以上高压新装（增容）业务的基本流程</td><td>25</td><td>每一处不符合要求，扣5分，扣完为止</td><td></td><td></td></tr>
<tr><td>2.2</td><td>时限要求</td><td>掌握35kV及以上高压新装（增容）业务的流程时限要求</td><td>25</td><td>每一处不符合要求，扣5分，扣完为止</td><td></td><td></td></tr>
<tr><td colspan="2">考评员记事</td><td colspan="6"></td></tr>
</table>

说明：（1）单项扣分以实际配分为限，超过部分（除安全外）不再扣负分。
（2）最终成绩评分为实际操作得分

考评员签字：
____年____月____日

任务二　电压等级选择

一、实训任务书

<table>
<tr><td>项目名称</td><td>对新装、增容客户确定电压等级选择标准</td></tr>
<tr><td>实训内容</td><td>课时：2学时。
内容：《国家电网公司业扩供电方案编制导则》</td></tr>
<tr><td>基本要求</td><td>1. 掌握《国家电网公司业扩供电方案编制导则》中电压等级选择的基本原则
<table>
<tr><th>供电电压等级</th><th>用电设备容量</th><th>受电变压器总容量</th></tr>
<tr><td>220V</td><td>10kW及以下单相设备</td><td></td></tr>
<tr><td>380V</td><td>100kW及以下</td><td>50kVA及以下</td></tr>
<tr><td>10kV</td><td></td><td>50kVA～10MVA</td></tr>
<tr><td>35kV</td><td></td><td>5～0MVA</td></tr>
<tr><td>66kV</td><td></td><td>15～40MVA</td></tr>
<tr><td>110kV</td><td></td><td>20～100MVA</td></tr>
<tr><td>220kV</td><td></td><td>100MVA及以上</td></tr>
</table>
2. 掌握《国家电网公司业扩供电方案编制导则》中电压等级选择的其他原则
（1）无35kV电压等级的，10kV电压等级受电变压器总容量为50kVA～15MVA。
（2）供电半径超过本级电压规定时，可按高一级电压供电。
（3）具有冲击负荷、波动负荷、非对称负荷的客户，宜采用由系统变电所新建线路或提高电压等级供电的供电方式</td></tr>
<tr><td>工器具材料准备</td><td>桌椅、档案袋、范例资料</td></tr>
<tr><td>学员准备及场地布置</td><td>（1）学员自备一套工装。
（2）项目实施场地：客户服务实训室</td></tr>
<tr><td>目标</td><td>掌握确定新装、增容客户电压等级选择的技能</td></tr>
</table>

二、实训考核评分标准

<table>
<tr><td>姓名</td><td></td><td>工作单位</td><td colspan="2">供电公司</td><td colspan="2">供电所</td><td rowspan="2">成绩</td><td rowspan="2"></td></tr>
<tr><td>考核时间</td><td></td><td>时间记录</td><td>开始时间</td><td>时 分</td><td>结束时间</td><td>时 分</td></tr>
<tr><td>项目名称</td><td colspan="8">对新装、增容客户确定电压等级选择标准</td></tr>
<tr><td>考核任务</td><td colspan="8">学习掌握《国家电网公司业扩供电方案编制导则》中电压等级选择原则</td></tr>
</table>

<table>
<tr><td colspan="2">项目</td><td>考核内容</td><td>考核要求</td><td>配分</td><td>评分标准</td><td>扣分</td><td>得分</td></tr>
<tr><td rowspan="2">确定原则学习</td><td>1</td><td>《编制导则》中电压等级选择的原则性规定</td><td>正确掌握《编制导则》中电压等级选择的原则性规定</td><td>70</td><td>每一处不符合要求，扣 10 分，扣完为止</td><td></td><td></td></tr>
<tr><td>2</td><td>《编制导则》中电压等级选择的其他原则</td><td>对于无 35kV 电压等级、供电半径超过本级电压等级及具有冲击、波动负荷等时的确定原则</td><td>15</td><td>每一处不符合要求，扣 5 分，扣完为止</td><td></td><td></td></tr>
<tr><td>实例解答</td><td>3</td><td>实例考察掌握情况</td><td>列举实例检验学员掌握情况，重点是各受电容量范围应选取的电压等级及其他情况时的选取原则</td><td>15</td><td>每一处不符合要求扣 5 分，扣完为止</td><td></td><td></td></tr>
<tr><td colspan="2">考评员记事</td><td colspan="6"></td></tr>
</table>

说明：（1）单项扣分以实际配分为限，超过部分（除安全外）不再扣负分。

（2）最终成绩评分为实际操作得分

考评员签字：

____年____月____日

实训情境二 供 电 方 案 答 复

任务一 现场勘查危险点辨识与预控

一、实训任务书

<table>
<tr><td>项目名称</td><td>客户经理现场勘查风险点辨识与预控</td></tr>
<tr><td>实训内容</td><td>课时：2 学时。
内容：①现场勘查时的风险点辨识；②现场勘查时风险点的预控措施；③结合案例分析现场勘查中容易忽略的安全问题</td></tr>
<tr><td>基本要求</td><td>1. 风险点辨识
（1）现场勘查工作，误碰带电设备造成人身伤亡。
（2）误入设备运行区域，客户生产危险区域。
（3）查看带电设备时，安全措施不到位，安全距离无法保证。
（4）现场通道照明不足，基建工地易发生高空落物，碰伤、扎伤、摔伤等意外情况。
（5）政府规定限制的用电项目，未经政府主管部门批准，或审批手续不全、批复程序不合法，而供电企业受理其用电申请。
（6）客户提供的工商注册、个人身份证明、法人代表文件等相关资料与用电申请主体不一致或不完整。</td></tr>
</table>

续表

<table>
<tr><td>基本要求</td><td>（7）未了解清楚客户的生产过程和工艺，对客户负荷的重要性识别不准确。
（8）重要客户的判定与客户重要程度不相符。
2. 预控措施
（1）进入带电设备区现场勘查工作至少两人共同进行，实行现场监护。勘查人员应掌握带电设备的位置，与带电设备保持足够安全距离，注意不要误碰、误动、误登运行设备。
（2）工作班成员应在客户电气工作人员的带领下进入工作现场，并在规定的工作范围内工作，做到对现场风险点、安全措施等情况清楚了解。
（3）进入带电设备区设专人监护，严格监督带电设备与周围设备及工作人员的安全距离是否足够，不得操作客户设备。对客户设备状态不明时，均视为运行设备。
（4）进入客户设备运行区域，必须穿工作服、戴安全帽，携带必要照明器材。需攀登杆塔或梯子时，要落实防坠落措施，并在有效的监护下进行。不得在高空落物区通行或逗留。
（5）严格按照《供电营业规则》等相关要求审核客户提交的申请资料。
（6）严格按照国家产业政策和规定，审核用电工程的项目批准文件。
（7）对于客户项目的批准文件没有按照规定提交的，供电企业有权拒延期后续业务的办理。
（8）正式送电前，高危客户须具备政府安全主管部门的安全验收许可。
（9）全面、详细了解客户的生产过程和工艺，掌握客户的负荷特性。客户应提供详细的相关资料，包括用电允许中断的供电时间和中断供电可能造成的后果。
（10）严格按照文件规定进行负荷分级和重要客户定性判定，并报地方政府主管部门发文确定</td></tr>
<tr><td>工器具材料准备</td><td>学员桌椅、具备SG186营销信息系统的学员电脑</td></tr>
<tr><td>学员准备场地布置</td><td>（1）两名学员组成一个任务小组。
（2）电教室及客户服务室</td></tr>
<tr><td>目标</td><td>能独立现场勘查环节实现考核要求</td></tr>
</table>

二、实训考核评分标准

<table>
<tr><td colspan="2">姓名</td><td></td><td>工作单位</td><td colspan="2">供电公司</td><td>供电所</td><td rowspan="2">成绩</td><td rowspan="2"></td></tr>
<tr><td colspan="2">考核时间</td><td></td><td>时间记录</td><td>开始时间　时　分</td><td>结束时间</td><td>时　分</td></tr>
<tr><td colspan="2">项目名称</td><td colspan="7">客户经理现场勘查风险点辨识与预控</td></tr>
<tr><td colspan="2">考核任务</td><td colspan="7">①现场勘查时的风险点辨识；②现场勘查时风险点的预控措施；③结合案例分析现场勘查中容易忽略的安全问题</td></tr>
<tr><td colspan="2">项目</td><td>考核内容</td><td>考核要求</td><td>配分</td><td colspan="2">评分标准</td><td>扣分</td><td>得分</td></tr>
<tr><td rowspan="2">风险点辨识与预控</td><td>1.1</td><td>风险点辨识理论知识</td><td>通过笔试考查学员对风险点辨识的理论知识掌握情况</td><td>10</td><td colspan="2">每一处不符合要求，扣1分，扣完为止</td><td></td><td></td></tr>
<tr><td>1.2</td><td>风险点预控理论知识</td><td>通过笔试考查学员对风险点预控的理论知识掌握情况</td><td>10</td><td colspan="2">每一处不符合要求，扣1分，扣完为止</td><td></td><td></td></tr>
<tr><td>论述</td><td>2.1</td><td>风险点辨识与预控措施论述</td><td>通过小组讨论形式，结合工作实际完成论述</td><td>30</td><td colspan="2">每一处不符合要求，扣1分，扣完为止</td><td></td><td></td></tr>
</table>

续表

项目		考核内容	考核要求	配分	评分标准	扣分	得分
案例分析	3.1	案例分析	结合案例分析现场勘查中容易忽略的安全问题	30	每一处不符合要求，扣1分，扣完为止		
	3.2	视频纠错	观看视频找出与现场勘查作业规范相悖的行为	20	每一处不符合要求，扣1分，扣完为止		
考评员记事							

说明：（1）单项扣分以实际配分为限，扣完为止。
（2）最终成绩评分为实际操作得分

考评员签字：
____年____月____日

任务二　10kV及以上客户现场勘查

一、实训任务书

项目名称	10kV及以上客户现场勘查
实训内容	课时：2学时。 内容：某印刷厂申请新装用电，申请用电容量250kVA，请模拟完成现场勘查全部工作，并正确填写高压现场勘查单
基本要求	1. 现场勘查的前期工作 （1）检查报装移动终端，是否已经接收SG186系统勘查派单，并通过移动终端内GIS、TMR等系统提前了解待勘查地点电网情况。 （2）调用客户申请原始资料，增容的客户应查阅客户用电档案，记录客户信息历次变更用电情况等资料。 （3）与客户预约现场勘查时间，组织勘查人员。 2. 勘查现场工作 （1）现场勘查收资。根据客户一证受理时签署的承诺书，结合资料收集要求，完成现场收资。 （2）现场核定客户信息。 1）现场核实客户户名、用电地址是否与客户申请资料一致； 2）确定客户行业和用电性质； 3）根据客户提供的用电设备清单结合现场情况核定客户用电容量； 4）根据客户负荷情况确定客户负荷分级，根据收资资料确定重要客户等级。 （3）确定供电电压等级。根据现场核定的客户用电容量，结合现场供电条件确定供电电压等级。 （4）确定受电点位置。受电点即变电所（配电室）位置应考虑进、出线方便，检修、维护方便及建设施工的可能性，如果变电所（配电室）内安装变压器，必须考虑选择在负荷中心。 （5）选择供电电源。 1）将受电点位置录入移动终端并定位； 2）录入客户供电电压等级、用电容量、负荷分级、重要客户等级等信息； 3）移动终端根据GIS系统、TMR系统、PMS系统相关数据，通过辅助决策系统考虑线路冗余容量、线路接入方式、供电可靠性要求等因素推送至少两套供电方案； 3）根据推送供电方案，结合现场地理情况，考虑线缆通道问题，选择最佳供电方案； 4）如果因现场供电条件限制移动终端没有相应供电方案推送，则将相关信息发送至业扩电网配套工程建设信息库，审核后纳入技改或基建工程。

续表

基本要求	（6）初步确定客户受电方式。 1）根据核实后的用电容量、负荷特性以及客户意向，确定变压器容量和数量； 2）根据客户负荷等级，变压器数量等确定客户电气主接线方式； 3）将上述信息录入移动终端。 （7）初步确定客户计量计费方案。 1）根据客户的供电方式及国家电价政策初步确定客户的计量点设置、计量方式； 2）根据客户的用电性质及国家电价政策初步确定计费方案； 3）将上述信息录入移动终端。 （8）生成现场勘查工作单。 1）通过移动终端汇总并完善现场勘查信息，生成并打印现场勘查工作单，勘查人员和客户分别在勘查工作单上签字确认； 2）对现场不具备供电条件的，应在勘查意见中说明原因，并向客户做好解释工作； 3）对现场存在违约用电、窃电嫌疑等异常情况的客户，勘查人员应做好现场记录，及时报相关职责部门，并暂缓办理该客户用电业务。 3. 现场勘查后期工作 正确将勘查结果录入SG186系统，直至系统内现场勘查工作进入相应业务审批环节
学员准备及场地布置	（1）学员自备工装。 （2）报装移动终端一台、打印机一台。 （3）项目实施场地：客户服务实训室，客户现场
目标	熟练掌握10kV及以上客户现场勘查工作流程及内容

二、实训考核评分标准

姓名			工作单位	供电公司		供电所		成绩
考核时间			时间记录	开始时间	时　分	结束时间	时　分	
项目名称	10kV客户现场勘查							
考核任务	①现场勘查前期工作；②勘查现场工作；③现场勘查后期工作							
项目		考核内容	考核要求	配分	评分标准		扣分	得分
现场勘查前期工作	1.1	移动终端准备工作	检查报装移动终端，是否已经接收勘查派单，并提前了解现场供电条件	5	未完成扣5分			
	1.2	调用客户申请原始资料	调用客户申请原始资料，增容客户查阅以前用电资料	5	未完成扣5分			
	1.3	组织勘查人员	与客户预约现场勘查时间，组织勘查人员	5	未完成扣5分			
勘查现场工作	2.1	现场收资	根据客户一证受理时签署的承诺书，结合资料收集要求，完成现场收资	10	未完成一项扣5分，扣完为止			
	2.2	现场核定客户信息	现场核实客户户名、用电地址，确定客户行业和用电性质，核实客户用电容量，确定客户负荷分级、重要客户等级	15	未完成一项扣5分，扣完为止			
	2.3	确定供电电压等级	根据现场核定的客户用电容量，结合现场供电条件确定供电电压等级	5	未完成扣5分			
	2.4	确定受电点位置	受电点即变电所（配电室）位置应考虑进、出线方便，检修、维护方便等因素，如果安装变压器，应选择在负荷中心	5	未完成扣5分			

续表

项目		考核内容	考核要求	配分	评分标准	扣分	得分
勘查现场工作	2.5	选择供电电源	在移动终端内输入受电点位置、用电容量、重要客户等级等条件，待终端推送供电方案后进行技术经济比较，结合现场地理情况，选择最优供电方案	15	不符合要求扣15分		
	2.6	初步确定客户受电方式	根据现场勘查情况结合客户意向，确定变压器容量数量、电器主接线型式等	10	未完成一项扣5分，扣完为止		
	2.7	初步确定客户计量计费方案	根据客户的用电性质及国家电价政策等初步确定计费方案和计量方式	10	未完成一项扣5分，扣完为止		
	2.8	生成现场勘查工作单	完善现场勘查信息，生成并打印现场勘查工作单，对于勘查中的其他信息，还应记录处理	5	未完成扣5分		
现场勘查后期工作	3.1	系统录入	正确将勘查结果录入SG186系统，直至系统内现场勘查工作进入相应业务审批环节	10	每一处不符合要求，扣1分，扣完为止		
考评员记事							

说明：（1）单项扣分以实际配分为限，超过部分（除安全外）不再扣负分。

（2）最终成绩评分为实际操作得分

考评员签字：

____年____月____日

三、相关表单

高压现场勘察单

<table>
<tr><td colspan="5">客户基本信息</td></tr>
<tr><td>户号</td><td></td><td>申请编号</td><td></td><td rowspan="5">（档案标识二维码，系统自动生成）</td></tr>
<tr><td>户名</td><td colspan="3">某某印刷厂</td></tr>
<tr><td>联系人</td><td></td><td>联系电话</td><td></td></tr>
<tr><td>客户地址</td><td colspan="3"></td></tr>
<tr><td>申请备注</td><td colspan="3"></td></tr>
<tr><td colspan="2">意向接电时间</td><td colspan="3">年　月　日</td></tr>
<tr><td colspan="5">现场勘查人员核定</td></tr>
<tr><td>申请用电类别</td><td></td><td colspan="3">核定情况：是□　否□</td></tr>
<tr><td>申请行业分类</td><td></td><td colspan="3">核定情况：是□　否□</td></tr>
<tr><td>申请用电容量</td><td></td><td>核定用电用量</td><td colspan="2"></td></tr>
<tr><td>供电电压</td><td colspan="4"></td></tr>
<tr><td>接入点信息</td><td colspan="4"></td></tr>
<tr><td>受电点信息</td><td colspan="4"></td></tr>
<tr><td>计量点信息</td><td colspan="4"></td></tr>
<tr><td>备注</td><td colspan="4"></td></tr>
<tr><td colspan="5">供电简图：</td></tr>
<tr><td>勘查人（签名）</td><td></td><td>勘查日期</td><td colspan="2">年　月　日</td></tr>
</table>

任务三　高压供电方案的基本内容

一、实训任务书

项目名称	高压供电方案的基本内容
实训内容	课时：2学时。 内容：①高压供电方案的基本原则；②高压供电方案的基本要求；③高压供电方案的基本内容；④高压供电方案编制的基本流程；⑤相关计算方法；⑥相关表单填写；⑦SG186营销信息系统相关流程的操作；⑧资料归档
基本要求	（1）了解供电方案基本原则。 1）应能满足供用电安全、可靠、经济、运行灵活、管理方便的要求，并留有发展裕度。 2）符合电网建设、改造和发展规划要求；满足客户近期、远期对电力的需求，具有最佳的综合经济效益。 3）具有满足客户需求的供电可靠性及合格的电能质量。 4）符合相关国家标准、电力行业技术标准和规程，以及技术装备先进要求，并应对多种供电方案进行技术经济比较，确定最佳方案。 （2）掌握高压供电方案的基本要求。 1）根据电网条件以及客户的用电容量、用电性质、用电时间、用电负荷重要程度等因素，确定供电方式和受电方式。 2）根据重要客户的分级确定供电电源及数量、自备应急电源及非电性质的保安措施配置要求。 3）根据确定的供电方式及国家电价政策确定电能计量方式、用电信息采集终端安装方案。 4）根据客户的用电性质和国家电价政策确定计费方案。 5）客户自备应急电源及非电性质保安措施的配置、谐波负序治理的措施应与受电工程同步设计、同步建设、同步验收、同步投运。 6）对有受电工程的，应按照产权分界划分的原则，确定双方工程建设出资界面。 （3）掌握高压供电方案包含的主要内容。 1）客户基本用电信息：户名、用电地址、行业、用电性质、负荷分级，核定的用电容量，拟定的客户分级。 2）供电电源及每路进线的供电容量。 3）供电电压等级，供电线路及敷设方式要求。 4）客户电气主接线及运行方式，主要受电装置的容量及电气参数配置要求。 5）计量点的设置，计量方式，计费方案，用电信息采集终端安装方案。 6）无功补偿标准、应急电源及保安措施配置，谐波治理、继电保护、调度通信要求。 7）受电工程建设投资界面。 8）供电方案的有效期。 9）其他需说明的事宜。 （4）掌握高压供电方案编制的基本流程及其相关容量、计量装置的计算方法。 （5）要求能独自填写完成高压供电方案答复函。 （6）要求能独自完成SG186营销信息系统相关流程操作。 （7）按照一户一档的管理要求，统一装订成册，归类存放
工器具材料准备	学员桌椅、具备SG186营销信息系统的学员电脑、《高压供电方案答复单》、档案袋
学员准备及场地布置	（1）两名学员组成一个任务小组。 （2）电教室及客户服务室
目标	能独立完成高压供电方案答复函的编制工作

二、实训考核评分标准

<table>
<tr><td>姓名</td><td colspan="2"></td><td>工作单位</td><td colspan="3">供电公司</td><td>供电所</td><td rowspan="2">成绩</td><td rowspan="2"></td></tr>
<tr><td>考核时间</td><td colspan="2"></td><td>时间记录</td><td>开始时间</td><td>时　分</td><td>结束时间</td><td>时　分</td></tr>
<tr><td>项目名称</td><td colspan="10">客户经理高压客户供电方案基本内容</td></tr>
<tr><td>考核任务</td><td colspan="10">①基本原则；②基本要求；③高压供电方案基本内容；④高压供电方案编制流程；⑤相关计算方法；⑥相关表单填写；⑦SG186 营销信息系统相关流程的操作；⑧资料归档</td></tr>
<tr><td colspan="2">项目</td><td>考核内容</td><td colspan="2">考核要求</td><td>配分</td><td colspan="2">评分标准</td><td>扣分</td><td>得分</td></tr>
<tr><td>原则要求</td><td>1.1</td><td>编制原则与要求</td><td colspan="2">语言描述清晰、用词准确、无概念性错误</td><td>5</td><td colspan="2">每一处不符合要求，扣1分</td><td></td><td></td></tr>
<tr><td>基本内容</td><td>2.1</td><td>高压用户</td><td colspan="2">准确表述高压用户供电方案中所包含的内容</td><td>5</td><td colspan="2">每一处不符合要求，扣1分</td><td></td><td></td></tr>
<tr><td rowspan="5">高压供电方案编制</td><td>3.1</td><td>用电申请概况</td><td colspan="2">户名、用电地址、用电容量、行业分类、负荷特性及分级、保安负荷容量、电力用户重要性等级</td><td>10</td><td colspan="2">每一处不符合要求，扣1分</td><td></td><td></td></tr>
<tr><td>3.2</td><td>接入系统方案</td><td colspan="2">各路供电电源的接入点、供电电压、频率、供电容量、电源进线敷设方式、技术要求、投资界面及产权分界点、分界点开关等接入工程主要设施或装置的核心技术要求</td><td>15</td><td colspan="2">每一处不符合要求，扣1分，扣完为止</td><td></td><td></td></tr>
<tr><td>3.3</td><td>受电系统方案</td><td colspan="2">用户电气主接线及运行方式，受电装置容量及电气参数配置要求；无功补偿配置、自备应急电源及非电性质保安措施配置要求；谐波治理、调度通信、继电保护及自动化装置要求；配电站房选址要求；变压器、进线柜、保护等一、二次主要设备或装置的核心技术要求</td><td>15</td><td colspan="2">每一处不符合要求，扣1分，扣完为止</td><td></td><td></td></tr>
<tr><td>3.4</td><td>计量计费方案</td><td colspan="2">计量点的设置、计量方式、用电信息采集终端安装方案，计量柜（箱）等计量装置的核心技术要求；用电类别、电价说明、功率因数考核办法、线路或变压器损耗分摊办法</td><td>15</td><td colspan="2">每一处不符合要求，扣1分，扣完为止</td><td></td><td></td></tr>
<tr><td>3.5</td><td>其他事项</td><td colspan="2">客户应按照规定交纳的业务费用及收费依据，供电方案有效期，供用电双方的责任和义务，特别是取消设计审查和中间检查后，用电人应履行的义务和承担的责任，其他需说明的事宜及后续环节办理有关告知事项</td><td>10</td><td colspan="2">每一处不符合要求，扣1分，扣完为止</td><td></td><td></td></tr>
<tr><td>计算方法</td><td>4.1</td><td>计算方法</td><td colspan="2">熟练掌握客户容量、计量装置、无功补偿的计算方法</td><td>10</td><td colspan="2">每一处不符合要求，扣1分，扣完为止</td><td></td><td></td></tr>
<tr><td>表单填写</td><td>5.1</td><td>表单填写</td><td colspan="2">准确填写《高压供电方案答复单》中的相关内容</td><td>10</td><td colspan="2">每一处不符合要求，扣1分，扣完为止</td><td></td><td></td></tr>
</table>

续表

项目		考核内容	考核要求	配分	评分标准	扣分	得分
系统操作	6.1	SG186 营销信息系统	独立完成 SG186 营销信息系统高压客户报装现场勘查环节流程操作	5	每一处不符合要求，扣 1 分，扣完为止		
资料归档	7.1	资料归档	严格按照一户一档管理要求对客户资料进行归档	5	每一处不符合要求，扣 1 分，扣完为止		
考评员记事							

说明：（1）单项扣分以实际配分为限，超过部分（除安全外）不再扣负分。
（2）最终成绩评分为实际操作得分

考评员签字：
___年___月___日

三、表格填写

高压现场勘察单

<table>
<tr><th colspan="6">客户基本信息</th></tr>
<tr><td>户号</td><td colspan="2"></td><td>申请编号</td><td></td><td rowspan="6">（档案标识二维码，系统自动生成）</td></tr>
<tr><td>户名</td><td colspan="4"></td></tr>
<tr><td>用电地址</td><td colspan="4"></td></tr>
<tr><td>用电类别</td><td colspan="2"></td><td>行业分类</td><td></td></tr>
<tr><td>拟定客户分级</td><td colspan="2"></td><td>供电容量</td><td></td></tr>
<tr><td>联系人</td><td colspan="2"></td><td>联系电话</td><td></td></tr>
<tr><th colspan="6">营业费用</th></tr>
<tr><td>费用名称</td><td>单价</td><td>数量（容量）</td><td>应收金额（元）</td><td colspan="2">收费依据</td></tr>
<tr><td></td><td></td><td></td><td></td><td colspan="2"></td></tr>
<tr><td></td><td></td><td></td><td></td><td colspan="2"></td></tr>
<tr><td></td><td></td><td></td><td></td><td colspan="2"></td></tr>
<tr><td></td><td></td><td></td><td></td><td colspan="2"></td></tr>
<tr><th colspan="6">告知事项</th></tr>
<tr><td colspan="6">依据国家有关政策、贵户用电需求以及当地供电条件，经双方协商一致，现将贵户供电方案答复如下：
□受电工程具备供电条件，供电方案详见正文。
□受电工程不具备供电条件，主要原因是____________，待具备供电条件时另行答复。
本供电方案有效期自客户签收之日起一年内有效。如遇有特殊情况，需延长供电方案有效期的，客户应在有效期到期前十天向供电企业提出申请，供电企业视情况予以办理延长手续。
贵户接到本通知后，即可委托有资质的电气设计、承装单位进行设计和施工。
请贵户在竣工报验前交清上述营业费用。

客户签名(单位盖章)：　　　　供电企业（盖章）：
年　月　日　　　　年　月　日（系统自动生成）</td></tr>
</table>

你用电·我用心
Your Power Our Care

95598

一、客户接入系统方案

1. 供电电源情况

供电企业向客户提供________三相交流 50 赫兹电源

(1) 第一路电源。

电源性质：________　　电源类型：________

供电电压：________　　供电容量：________

供电电源接电点：____________________________________

产权分界点：______________________________，分界点电源侧产权属供电企业，分界点负荷侧产权属客户。

进出线路敷设方式及路径：建议

____

____

____。

具体路径和敷设方式以设计勘察结果以及政府规划部门最终批复为准。

(2) 第二路电源。

电源性质：________________　　电源类型：________________

供电电压：________________　　供电容最：________________

供电电源接电点：____________________________________

产权分界点：______________________________，分界点电源侧产权属供电企业，分界点负荷侧产权属客户。

进出线路敷设方式及路径：建议

____

____

____。

具体路径和敷设方式以设计勘察结果以及政府规划部门最终批复为准。

二、客户受电系统方案

(1) 受电点建设类型：采用____________________方式。

(2) 受电容量：合计________________________千伏安。

(3) 电气主接线：采用________________________方式。

(4) 运行方式：电源采用________________________方式，电源联锁采用________________________方式。

(5) 无功补偿：按无功电力就地平衡的原则，按照国家标准、电力行业标准等规定设计并合理装设无功补偿设备。补偿设备宜采用自动投切方式，防止无功倒送，在高峰负荷时的功率因数不宜低于______________________。

(6) 继电保护：宜采用数字式继电保护装置，电源进线采用____________________________________保护。

(7) 调度、通信及的自动化：与________________________建立调度关系；配置相应的通信自动化装置进行联络，通信方案建议________________________。

(8) 自备应急电源及非电保安措施：客户对重要保安负荷配备足额容量的自备应急电源及非电性质保安措施，自备应急电源容量应不少于保安负荷的 120%，自备应急电源与电网电源之间应设可靠的电气或机械闭锁装置，防止倒送电；非电性质保安措施应符合生产特点，负荷性质，满足无电情况下保证客户安全的需求。

(9) 电能质量要求。

1) 存在非线性负荷设备________________________接入电网，应委托有资质的机构出具电能质量评估报告，并提交初步治理技术方案。

2) 用电负荷注入公用电网连接点的谐波电压限值及谐波电流允许值应符合《电能质量　公用电网谐波》(GB/T 14549) 国家标准的限值。

3) 冲击性负荷产生的电压波动允许值，应符合《电能质量　电压波动和闪变》(GB/T 12326) 国家标准的限值。

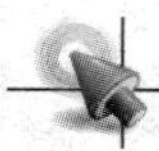

三、计量计费方案

1. 计量点设置及计量方式

计量点 1：计量装置装设在______________________________处，计量方式为______________________，接线方式为______________________，计量点电压______________________。

电压互感器变比为______________、准确度等级为______________；

电流互感器变比为______________________准确度等级为______________________；

电价类别为：______________；

定量定比为：______________（应说明是从那个计量点下的电量进行定量定比）

计量点 2：计量装置装设在______________________________处，计量方式为______________________，接线方式为______________________，计量点电压______________________。

电压互感器变比为______________、准确度等级为______________；

电流互感器变比为______________、准确度等级为______________；

电价类别为：______________；

定量定比为：______________（应说明是针对哪个计量点下的电量进行定量定比）。

2. 用电信息采集终端安装方案

配装___________终端_____台，终端装设于______________处，用于远程监控及电量数据采集。

3. 功率因数考核标准

根据国家《功率因数调整电费办法》的规定，功率因数调整电费的考核标准为______________。

根据政府主管部门批准的电价（包括国家规定的随电价征收的有关费用）执行，如发生电价和其他收费项目费率调整，按政府有关电价调整文件执行。

四、其他事项

____

____

____

____

____

五、接线简图

任务四　重要电力客户电源配置要求

一、实训任务书

项目名称	重要电力客户电源配置要求
实训内容	课时：1学时。 内容：①负荷特性分级；②根据负荷等级确定供电电源配置；③自备应急电源的配置
基本要求	1. 负荷特性分级 根据用电负荷对供电可靠性的要求，以及中断供电将危害人身安全和公共安全，在政治或经济上造成损失或影响的程度等因素，将客户用电负荷分为一级负荷、二级负荷、三级负荷。 (1) 一级负荷指中断供电将产生下列后果之一的。 1) 引发人身伤亡的； 2) 造成环境严重污染的； 3) 发生中毒、爆炸和火灾的； 4) 造成重大政治影响、经济损失的； 5) 造成社会公共秩序严重混乱的。 (2) 二级负荷指中断供电将产生下列后果之一的。 1) 造成较大政治影响、经济损失的； 2) 造成社会公共秩序混乱的。 (3) 三级负荷是指不属于一级负荷和二级负荷的负荷。 2. 根据负荷等级确定供电电源配置 对具有一、二级负荷的客户应按规定采用双电源或多电源供电，其保安电源应符合独立电源的条件。该类客户应自备应急电源，同时配备非电性质的应急措施。对三级负荷的客户采用单电源供电。 3. 自备应急电源配置 (1) 自备应急电源配置容量标准必须达到保安负荷的120%。 (2) 启动时间满足安全要求。 (3) 客户的自备应急电源与电网电源之前应装设可靠的电气或机械闭锁装置，防止倒送电
工器具材料准备	学员桌椅、重要电力客户电源配置相关案例
学员准备及场地布置	(1) 学员独立完成 (2) 教室
目标	掌握重要客户供电电源配置工作

二、实训考核评分标准

<table>
<tr><td colspan="2">姓名</td><td></td><td>工作单位</td><td colspan="4">供电公司　　　供电所</td><td rowspan="2">成绩</td><td rowspan="2"></td></tr>
<tr><td colspan="2">考核时间</td><td></td><td>时间记录</td><td>开始时间</td><td>时　分</td><td>结束时间</td><td>时　分</td></tr>
<tr><td colspan="2">项目名称</td><td colspan="8">重要电力客户供电电源配置</td></tr>
<tr><td colspan="2">考核任务</td><td colspan="8">①负荷特性分级；②根据负荷等级确定供电电源配置；③自备应急电源的配置</td></tr>
<tr><td colspan="2">项目</td><td>考核内容</td><td colspan="3">考核要求</td><td>配分</td><td>评分标准</td><td>扣分</td><td>得分</td></tr>
<tr><td>负荷特性分级</td><td>1.1</td><td>甄别负荷等级</td><td colspan="3">能够独立完成客户用电负荷的等级划分</td><td>20</td><td>每一处不符合要求，扣1分，扣完为止</td><td></td><td></td></tr>
</table>

续表

项目		考核内容	考核要求	配分	评分标准	扣分	得分
供电电源配置	2.1	一级负荷的电源配置	掌握一级负荷电源的配置要求和设备控制箱的配置要求	20	每一处不符合要求，扣 1 分，扣完为止		
	2.2	二级负荷的电源配置	掌握二级负荷电源的配置要求和应急电源的配置要求	20	每一处不符合要求，扣 1 分，扣完为止		
	2.3	三级负荷的电源配置	掌握三级负荷电源的配置要求	20	每一处不符合要求，扣 1 分，扣完为止		
自备应急电源	3.1	自备应急电源的配置	掌握自备应急电源配置要求，启动时间和机械闭锁装置相关要求	20	每一处不符合要求，扣 1 分，扣完为止		
考评员记事							

说明：（1）单项扣分以实际配分为限，超过部分（除安全外）不再扣负分。
（2）最终成绩评分为实际操作得分

考评员签字：
____年____月____日

任务五　重要电力客户运行方式

一、实训任务书

项目名称	重要电力客户运行方式
实训内容	课时：1 学时。 内容：①特级重要客户运行方式；②一级客户运行方式；③二级客户运行方式；④相关注意事项
基本要求	（1）特级重要客户可采用两路运行、一路热备用运行方式。 （2）一级客户可采用以下运行方式。 1）两回及以上进线同时运行互为备用； 2）一回进线主供、另一回路热备用。 （3）二级客户可采用以下运行方式。 1）两回及以上进线同时运行； 2）一回进线主供、另一回路冷备用。 （4）注意事项：不允许出现高压侧合环运行的方式
工器具材料准备	学员桌椅、重要电力客户运行方式相关案例
学员准备及场地布置	（1）学员独立完成。 （2）教室
目标	掌握重要电力客户运行方式配置工作

二、实训考核评分标准

<table>
<tr><td>姓名</td><td></td><td>工作单位</td><td colspan="3">供电公司</td><td colspan="2">供电所</td><td rowspan="2">成绩</td><td rowspan="2"></td></tr>
<tr><td>考核时间</td><td></td><td>时间记录</td><td>开始时间</td><td>时 分</td><td>结束时间</td><td colspan="2">时 分</td></tr>
<tr><td>项目名称</td><td colspan="9">重要电力客户运行方式</td></tr>
<tr><td>考核任务</td><td colspan="9">①特级重要客户运行方式；②一级客户运行方式；③二级客户运行方式；④相关注意事项</td></tr>
<tr><td colspan="2">项目</td><td>考核内容</td><td colspan="3">考核要求</td><td>配分</td><td>评分标准</td><td>扣分</td><td>得分</td></tr>
<tr><td rowspan="4">重要电力客户运行方式</td><td>1.1</td><td>特级重要客户运行方式</td><td colspan="3">特级重要客户可采用两路运行、一路热备用运行方式</td><td>25</td><td>每一处不符合要求，扣1分，扣完为止</td><td></td><td></td></tr>
<tr><td>1.2</td><td>一级客户运行方式</td><td colspan="3">两回及以上进线同时运行互为备用；一回进线主供、另一回路热备用</td><td>25</td><td>每一处不符合要求，扣1分，扣完为止</td><td></td><td></td></tr>
<tr><td>1.3</td><td>二级客户运行方式</td><td colspan="3">两回及以上进线同时运行；一回进线主供、另一回路冷备用</td><td>25</td><td>每一处不符合要求，扣1分，扣完为止</td><td></td><td></td></tr>
<tr><td>1.4</td><td>相关注意事项</td><td colspan="3">不允许出现高压侧合环运行的方式</td><td>25</td><td>每一处不符合要求，扣1分，扣完为止</td><td></td><td></td></tr>
<tr><td colspan="2">考评员记事</td><td colspan="8"></td></tr>
</table>

说明：(1) 单项扣分以实际配分为限，超过部分（除安全外）不再扣负分。

(2) 最终成绩评分为实际操作得分

考评员签字：

___年___月___日

任务六　用 户 计 量 配 置

一、实训任务书

<table>
<tr><td>项目名称</td><td>用户的计量配置</td></tr>
<tr><td>实训内容</td><td>课时：2学时。
内容：①计量点选择；②电能表选择；③互感器选择</td></tr>
<tr><td>基本要求</td><td>1. 计量点选择
(1) 客户计量点应选择在产权分界点，如产权分界点安装计量装置确有困难，也可安装在客户受电点合适位置，但应根据实际情况承担产权范围内的线路损耗；对专线供电的高压客户，可在供电变电所的出线侧出口装表计量。
(2) 接入中性点绝缘系统的电能计量装置，应采用三相三线有功、无功电能表。接入非中性点绝缘系统的电能计量装置，应采用三相四线有功、无功电能表或3只感应式无止逆单相电能表。
(3) 有两条及以上线路分别来自不同电源点或有多个受电点的客户，应分别装设电能计量装置。
(4) 客户一个受电点内不同电价类别的用电，应分别装设电能计量装置。
2. 电能表选择
(1) 低压供电的客户，最大负荷电流为50A以下时，电能计量装置接线宜采用直接接入式，负荷电流为50A以上时，宜采用经电流互感器接入式。</td></tr>
</table>

续表

基本要求	（2）为提高低负荷计量的准确性，应选用过载4倍及以上的电能表。 （3）执行利率考核的客户应装设无功电能表，对装设有无功补偿装置的用户应装设可计量四象限无功电量的多功能电能表。按最大需量计收基本电费的客户应装设具有最大需量计量功能的电能表；实行分时电价的客户应装设复费率电能表或多功能电能表。 （4）计量装置的精度应符合DL/T 448—2000《电能计量装置技术管理规程》规定的电能计量装置的分类及技术要求进行配置。 （5）有并网自备电厂的客户，应在并网点上装设送、受电电能计量装置。 （6）专变客户应选择带有数据通信接口的电能表，其通信规约应符合DL/T 645—2007《多功能电能表通信协议》的要求。 （7）计量单机容量在100MW及以上发电机组上网贸易结算电量的电能计量装置和电网经营企业之间购销电量的电能计量装置，宜配置准确度等级相同的主副两套有功电能表。 3. 互感器选择 （1）Ⅰ、Ⅱ、Ⅲ类贸易结算用电能计量装置应按计量点配置计量专用电压、电流互感器或者专用二次绕组。电能计量专用电压、电流互感器或专用二次绕组及其二次回路不得接入与电能计量无关的设备。 （2）互感器实际负荷应在25%～100%额定二次负荷范围内；电流互感器额定二次负荷的功率因数应为0.8～1.0；电压互感器额定二次功率因数应与实际二次负荷的功率因数接近。 （3）电流互感额定一次电流的确定，应保证其在正常运行中的实际负荷电流达到额定值的60%左右，至少不应不小30%。否则应选用高动热稳定电流互感器以减少变比
工器具材料准备	学员桌椅，电能表，互感器
学员准备场地布置	（1）学员自备一套工装。 （2）项目实施场地：客户服务实训室
目标	掌握用户的计量配置技能

二、实训考核评分标准

姓名			工作单位		供电公司		供电所	成绩
考核时间			时间记录	开始时间	时　分	结束时间	时　分	
项目名称	用户的计量配置							
考核任务	①合理选择计量点；②合理确定计量方式；③合理配置计量装置							

项目		考核内容	考核要求	配分	评分标准	扣分	得分
计量点确定	1	根据客户现场实际情况确定计量点	掌握计量点选择的原则，合理确定客户计量点	30	每一处不符合要求，扣5分，扣完为止		
计量方式确定	2	根据客户受电方式和用电性质确定计量方式	掌握计量方式选择的原则，合理确定客户计量方式	30	每一处不符要求，扣5分，扣完为止		
计量装置配置	3	根据客户实际情况，合理配置客户计量装置	掌握计量装置配置原则，合理配置客户计量装置	40	每一处不符合要求扣5分，扣完为止		
考评员记事							

说明：（1）单项扣分以实际配分为限，超过部分（除安全外）不再扣负分。
（2）最终成绩评分为实际操作得分

考评员签字：
____年____月____日

任务七　调度通信自动化

一、实训任务书

项目名称	通信自动化要求
实训内容	课时：2学时。 内容：①调度通信自动化的方式；②调度通信自动化的目的；③调度通信自动化的确定原则
基本要求	1. 调度通信自动化方式 电力系统几种主要的通信方式如下。 （1）明线通信。 （2）电缆通信。 （3）电力载波通信。 （4）光纤通信。 （5）微波通信。 （6）卫星通信。 2. 调度自动化的目的 为了保证电力调度部门对调度的客户之间通信畅通，及时准确的下达各类调度命令，如限电、倒负荷、操作开关、切除故障设备等。 3. 调度通信自动化的确定原则 （1）受电电压在10kV及以上的专线供电客户、有多电源供电、受电装置的容量较大且内部接线复杂的客户、有两回路及以上线路供电并有并路倒闸操作的客户、有自备电厂并网的客户、重要电力客户或对供电质量有特殊要求的客户等均实行电力调度管理。 （2）35kV及以下供电、用电容量不足8000kVA且有调度关系的客户，可利用用电信息采集系统采集客户端的电流、电压及负荷等相关信息，配置专用通信市话与调度部门进行联络。 （3）35kV供电、用电容量在8000kVA及以上或110kV及以上的客户宜采用专用光纤通道或其他通信方式，通过远动设备上传客户端的遥测、遥信信息，同时应配置专用通信市话或系统调度电话与调度部门进行联络（远动装置的意义：①远方测量被监视厂站的主要参数变量；②远方状态查看被监视厂站的设备状态信号如开关位置信号、保护信号等；③调度或监控中心能发出命令以实现远方操作和切换）。 （4）其他客户应配置专用通信市话与当地供电公司进行联络
工器具材料准备	学员桌椅
学员准备及场地布置	（1）学员自备一套工装。 （2）项目实施场地：客户服务实训室
目标	①了解调度通信自动化的基本内容；②掌握调度通信自动化的确定原则

二、实训考核评分标准

姓名		工作单位	供电公司			供电所	成绩	
考核时间		时间记录	开始时间	时　分	结束时间	时　分		
项目名称	调度通信自动化							
考核任务	①调度通信自动化基本内容；②各类用户通信自动化要求							

续表

项目		考核内容	考核要求	配分	评分标准	扣分	得分
调度通信自动化基本内容	1	通信自动化的基本内容	了解通信自动化目的、通信方式等基础知识	20	每一处不符合要求扣5分，扣完为止		
供电方案中调度通信自动化	2	10kV客户	10kV哪些客户应配置通信设备，配置设备应达到什么要求	40	每一处不符合要求扣10分，扣完为止		
	3	35kV客户	35kV哪些客户应配置通信设备，配置设备应达到什么要求	40	每一处不符合要求扣10分，扣完为止		
考评员记事							

说明：（1）单项扣分以实际配分为限，超过部分（除安全外）不再扣负分。
（2）最终成绩评分为实际操作得分

考评员签字：
____年____月____日

实训情境三　工　程　设　计

任务一　审查工程设计图纸与供电方案的一致性

一、实训任务书

项目名称	审查重要电力客户工程设计图纸与供电方案的一致性
实训内容	课时：2学时。 内容：①审查重要电力客户工程设计图纸接入系统部分、受电工程部分、计量部分中主要参数与供电方案答复是否相符。②将审查意见填入《客户受电工程设计审查意见单》
基本要求	（1）审查重要电力客户工程设计图纸与供电方案的一致性。依照国家标准、行业标准及相关规程和对客户受电工程设计文件和有关资料进行审查，审查工程设计图纸与供电方案是否一致。 1）接入系统部分。供电电源配置、供电电源点（变电所馈线间隔编号、开关站馈线间隔编号、环网单元馈线间隔编号、线路名称及杆号等）是否与供电方案一致。 2）受电工程部分。主要电气设备技术参数、主接线方式、运行方式、线缆规格、无功补偿方式及配置等是否与供电方案一致。 3）计量部分。电能计量和用电信息采集装置的配置应符合《电能计量装置技术管理规程》（DL/T 448—2000）、国家电网公司智能电能表以及用电信息采集系统相关技术标准；同时审查电能计量方式是否与供电方案一致。 （2）将审查意见填入《客户受电工程设计审查意见单》
工器具材料准备	文具、桌椅、《工程设计文件资料》、《客户受电工程设计文件审查意见单》、档案袋
学员准备及场地布置	（1）学员自备一套工装。 （2）项目实施场地：客户服务实训室
目标	熟练掌握工程设计图纸与供电方案的一致性中的审查重点

二、实训考核评分标准

姓名		工作单位	供电公司		供电所	成绩	
考核时间		时间记录	开始时间	时　分	结束时间	时　分	
项目名称	审查重要电力客户工程设计图纸与供电方案的一致性						
考核任务	①审查重要电力客户工程设计图纸接入系统部分、受电工程部分、计量部分中主要参数与供电方案答复是否相符；②填写客户受电工程设计文件审查意见单						
项目		考核内容	考核要求	配分	评分标准	扣分	得分
工程设计图纸审查纠错	1.1	接入系统部分	审查工程设计图纸供电电源点（变电所馈线间隔编号、开关站馈线间隔编号、环网单元馈线间隔编号、线路名称及杆号等）是否与供电方案一致。能在设计图纸中圈出错误位置	20	每一处不符合要求，扣5分，扣完为止		
	1.2	受电工程部分	审查工程设计图纸与供电方案答复函是否一致（主要电气设备技术参数、主接线方式、运行方式、线缆规格、无功补偿方式及配置应满足供电方案要求）。能在设计图纸中圈出错误位置	20	每一处不符合要求，扣5分，扣完为止		
	1.3	计量部分	计量部分：电能计量和用电信息采集装置的配置应符合《电能计量装置技术管理规程》（DL/T 448—2000）、国家电网公司智能电能表以及用电信息采集系统相关技术标准；同时审查电能计量方式是否与供电方案一致。能在设计图纸中圈出错误位置	20	每一处不符合要求，扣5分，扣完为止		
审查结果	2.1	填写客户受电工程设计文件审查意见单	将审查意见填入《客户受电工程设计审查意见单》。要求语言描述清晰、用词准确、无概念性错误	40	每一处不符合要求，扣4分，扣完为止		
考评员记事							

说明：（1）单项扣分以实际配分为限，超过部分（除安全外）不再扣负分。
（2）最终成绩评分为实际操作得分

考评员签字：
____年____月____日

三、相关表单

客户受电工程设计文件审查意见单

户号		申请编号		（档案标识二维码，系统自动生成）
户名				
用电地址				
联系人		联系电话		

续表

<table>
<tr><td colspan="4">审查意见（可附页）：

供电企业（盖章）：</td></tr>
<tr><td>客户经理</td><td></td><td>审图日期</td><td>年　月　日</td></tr>
<tr><td>主管</td><td></td><td>批准日期</td><td>年　月　日</td></tr>
<tr><td colspan="3">客户签收：</td><td>年　月　日</td></tr>
<tr><td>其他说明</td><td colspan="3">特别提醒：用户一旦发生变更，必须重新送审，否则供电企业将不予检验和接电</td></tr>
</table>

任务二　电气设计图纠错

一、实训任务书

项目名称	电气设计图纠错
实训内容	课时：2 学时。内容：①掌握电气设备的选型是否符合国家相关标准及满足通用设计等标准化建设要求；②掌握重要电力客户电气部分设计审查重点；③将审查意见填入《客户受电工程设计审查意见单》
基本要求	（1）掌握电气部分设计审查原则。电气设备应符合国家相关标准，满足通用设计等标准化建设要求，并兼顾区域差异，积极稳妥采用成熟的新技术，新设备、新材料、新工艺；设备选型应坚持安全可靠、经济实用的原则，积极应用通用设备，选择技术成熟、节能环保的产品，并符合国家现行有关技术标准的规定；同时禁止使用国家明令淘汰的高耗能落后机电设备。 （2）掌握重要电力客户电气部分设计审查重点。 1）通信、继电保护及自动化装置设置应符合有关规程。 2）重要客户应配置独立于公网的自备应急电源。自备应急电源与正常供电电源间必须有可靠的闭锁装置，防止向配电网反送电。 3）重要用户的不同电源进线之间原则上不应安装母联断路器。重要用户确需装设母联断路器时，必须同时安装可靠的闭锁装置。 4）双电源、多电源和自备应急电源应与供用电工程同步设计、同步建设、同步投运、同步管理。自备应急电源配置与非电性质保安措施等，应满足有关规程、规定的要求。 5）对特殊负荷（高次谐波、冲击性负荷、波动负荷、非对称性负荷等）客户重点审查电能质量治理装置及预留空间、电能质量监测装置，应满足有关规程、规定要求。 （3）将审查意见填入《客户受电工程设计审查意见单》
工器具材料准备	文具、桌椅、《工程设计文件资料》、《客户受电工程设计文件审查意见单》、档案袋
学员准备及场地布置	（1）学员自备一套工装。 （2）项目实施场地：客户服务实训室
目标	熟练掌握电气部分设计审查原则及重要电力客户电气部分设计审查重点

二、实训考核评分标准

姓名		工作单位	供电公司		供电所		成绩	
考核时间		时间记录	开始时间	时　分	结束时间	时　分		
项目名称	重要客户工程设计文件资料电气设计图纠错							
考核任务	①审查电气设备的选型是否符合国家相关标准及满足通用设计等标准化建设要求；②审查重要电力客户工程设计文件资料中的电气部分是否符合有关规程、规范的要求；③填写客户受电工程设计文件审查意见单							

项目		考核内容	考核要求	配分	评分标准	扣分	得分
工程设计图纸审查纠错	1.1	电气设备选型	审查工程设计图纸电气设备是否符合国家相关标准；是否使用国家明令淘汰的高耗能落后机电设备	10	每一处不符合要求，扣5分，扣完为止		
	1.2		审查通信、继电保护及涉网自动化装置设置是否符合有关规程	20	每一处不符合要求，扣10分，扣完为止		
	2.1	电气设计图纠错（要求学员能在设计图纸中圈出错误位置。）	审查重要客户是否配置独立于公网的自备应急电源。自备应急电源与正常供电电源间是否装设可靠的闭锁装置	10	每一处不符合要求，扣5分，扣完为止		
	2.2		审查重要用户专用配电室是否装设母联断路器，若装设母联是否安装可靠的闭锁装置	20	每一处不符合要求，扣10分，扣完为止		
	2.3		审查重要用户专用配电室双电源、多电源和自备应急电源是否与供用电工程同步设计。自备应急电源配置与非电性质保安措施等，是否满足有关规程、规定的要求	20	每一处不符合要求，扣10分，扣完为止		
	2.4		对特殊负荷（高次谐波、冲击性负荷、波动负荷、非对称性负荷等）客户重点审查电能质量治理装置及预留空间、电能质量监测装置，是否满足有关规程、规定要求	10	每一处不符合要求，扣2分，扣完为止		
审查结果	3.1	填写客户受电工程设计文件审查意见单	将审查意见填入《客户受电工程设计审查意见单》。要求语言描述清晰、用词准确、无概念性错误	10	每一处不符合要求，扣5分，扣完为止		
考评员记事							

说明：（1）单项扣分以实际配分为限，超过部分（除安全外）不再扣负分。

（2）最终成绩评分为实际操作得分

考评员签字：

____年____月____日

三、相关表单

客户受电工程设计文件审查意见单

<table>
<tr><td>户号</td><td></td><td>申请编号</td><td></td><td rowspan="4">（档案标识二维码，系统自动生成）</td></tr>
<tr><td>户名</td><td colspan="3"></td></tr>
<tr><td>用电地址</td><td colspan="3"></td></tr>
<tr><td>联系人</td><td></td><td>联系电话</td><td></td></tr>
<tr><td colspan="5">审查意见（可附页）：

供电企业（盖章）：</td></tr>
<tr><td>客户经理</td><td></td><td>审图日期</td><td colspan="2">年　月　日</td></tr>
<tr><td>主管</td><td></td><td>批准日期</td><td colspan="2">年　月　日</td></tr>
<tr><td colspan="3">客户签收：</td><td colspan="2">年　月　日</td></tr>
<tr><td>其他说明</td><td colspan="4">特别提醒：用户一旦发生变更，必须重新送审，否则供电企业将不予检验和接电</td></tr>
</table>

实训情境四　工　程　建　设

任务一　重要客户中间检查

一、实训任务书

<table>
<tr><td>项目名称</td><td>重要客户中间检查</td></tr>
<tr><td>实训内容</td><td>课时：2学时。
内容：①中间检查前准备；②现场检查；③资料归档</td></tr>
<tr><td>基本要求</td><td>1. 中间检查前准备
受理客户中间检查申请，引导客户填写《客户受电工程中间检查报验单》，收集整理客户提供的隐蔽工程施工记录及其他工程记录、技术资料；与客户预约检查时间，时限应满足要求，并通知相关部门人员按时参与现场检查。
进入SG186营销信息系统，按照要求填写相关信息并发送至下一环节。
2. 现场检查
（1）现场危险点辨识及预控：误碰带电设备触电；误入运行设备区域触电、客户生产危险区域；现场通道照明不足，基建工地易发生高空落物，碰伤、扎伤、摔伤等意外；现场安装设备与审核合格的设计图纸不符，私自改变接线方式或运行方式；根据相关要求做好现场危险点预控措施。
（2）现场检查：与电气安装质量相关的电缆管沟（井）、接地防雷装置、土建预留开孔、槽钢埋设、通风设施、安全距离和高度、隐蔽工程的施工工艺及材料选材等；接地装置的埋深、间距、防腐措施、焊接工艺、选用规格、接地标志等；电缆管井转弯半径、防火措施、接地设置、加固措施、沟槽防水等；对用户报验资料进行现场复核。</td></tr>
</table>

续表

基本要求	（3）整改及复验：对检查中发现的问题，以《客户受电工程中间检查意见单》的形式一次性通知客户整改。客户整改完成后，开展复验，复验合格后方可继续施工。 （4）完成系统流程：进入 SG186 营销信息系统完成中间检查流程。 3. 资料归档 按照一户一档的管理要求，将办理完毕的《受电工程缺陷整改通知单》、《受电工程中间检查结果通知单》及客户提供材料，统一装订成册，归类存放
工器具材料准备	桌椅一套、中间检查报验资料、《客户受电工程中间检查报验单》、《客户受电工程中间检查意见单》、带 SG186 营销信息系统计算机一台、档案袋
学员准备及场地布置	（1）学员自备一套工装。 （2）项目实施场地：客户服务实训室
目标	熟练掌握重要客户中间检查的工作事项

二、实训考核评分标准

姓名			工作单位	供电公司		供电所	成绩	
考核时间			时间记录	开始时间	时　分	结束时间	时　分	
项目名称	重要客户中间检查							
考核任务	①中间检查前准备；②现场检查；③资料归档							
项目		考核内容	考核要求	配分	评分标准	扣分	得分	
中间检查前准备	1.1	受理中间检查	受理客户中间检查申请，引导客户填写《客户受电工程中间检查报验单》，收集整理客户提供的隐蔽工程施工记录及其他工程记录、技术资料	10	每一处不符合要求，扣 5 分，扣完为止			
	1.2	预约检查时间	与客户预约检查时间，时限应满足要求，并通知相关部门人员按时参与现场检查	10	每一处不符合要求，扣 5 分，扣完为止			
	1.3	SG186 系统操作	进入 SG186 营销信息系统，正确操作流程	5	未完成不得分			
现场检查	2.1	现场危险点辨识及预控	误碰带电设备触电；误入运行设备区域触电、客户生产危险区域	5	未完成不得分			
	2.2		现场通道照明不足，基建工地易发生高空落物，碰伤、扎伤、摔伤等意外	5	未完成不得分			
	2.3		现场安装设备与审核合格的设计图纸不符，私自改变接线方式或运行方式	5	每一处不符合要求，扣 5 分，扣完为止			
	2.4	中间检查	与电气安装质量相关的电缆管沟（井）、接地防雷装置、土建预留开孔、槽钢埋设、通风设施、安全距离和高度、隐蔽工程的施工工艺及材料选材等	10	每一处不符合要求，扣 5 分，扣完为止			
	2.5		接地装置的埋深、间距、防腐措施、焊接工艺、选用规格、接地标志等	10	每一处不符合要求，扣 5 分，扣完为止			

续表

项目		考核内容	考核要求	配分	评分标准	扣分	得分
现场检查	2.6	中间检查	电缆管井转弯半径、防火措施、接地设置、加固措施、沟槽防水等	10	每一处不符合要求，扣5分，扣完为止		
	2.7		对用户报验资料进行现场复核	10	未完成不得分		
	2.8	整改及复验	对检查中发现的问题，以《客户受电工程中间检查意见单》的形式一次性通知客户整改，复验合格后方可继续施工	10	每一处不符合要求，扣5分，扣完为止		
	2.9	完成系统流程	进入SG186营销信息系统完成中间检查流程	5	未完成不得分		
资料归档	3.1	资料归档	一户一档存放，资料齐全	5	未完成不得分		
考评员记事							

说明：（1）单项扣分以实际配分为限，超过部分（除安全外）不再扣负分。
（2）最终成绩评分为实际操作得分

考评员签字：
____年____月____日

三、相关表单

1. 客户受电工程中间检查报验单

客户受电工程中间检查报验单

<table>
<tr><td colspan="4">客户基本信息</td><td rowspan="5">（档案标识二维码，系统自动生成）</td></tr>
<tr><td>户号</td><td></td><td>申请编号</td><td></td></tr>
<tr><td>户名</td><td colspan="3"></td></tr>
<tr><td>用电地址</td><td colspan="3"></td></tr>
<tr><td>联系人</td><td></td><td>联系电话</td><td></td></tr>
<tr><td colspan="5">报验信息</td></tr>
<tr><td colspan="5">有关说明：</td></tr>
<tr><td>意向接电时间</td><td colspan="4">年　月　日</td></tr>
<tr><td colspan="5"></td></tr>
<tr><td rowspan="2">供电企业填写</td><td colspan="2">受理人：</td><td colspan="2"></td></tr>
<tr><td colspan="2">受理日期：　　年　月　日（系统自动生成）</td><td colspan="2"></td></tr>
</table>

2. 客户受电工程中间检查意见单

国家电网 STATE GRID 你用电·我用心 Your Power Our Care

客户受电工程中间检查意见单

<table>
<tr><td>户号</td><td></td><td>申请编号</td><td></td><td rowspan="4">（档案标识二维码，系统自动生成）</td></tr>
<tr><td>户名</td><td colspan="3"></td></tr>
<tr><td>用电地址</td><td colspan="3"></td></tr>
<tr><td>联系人</td><td></td><td>联系电话</td><td></td></tr>
<tr><td colspan="5">现场检验意见（可附页）：

供电企业（盖章）：</td></tr>
<tr><td>检查人</td><td colspan="2"></td><td>检查日期</td><td>年 月 日</td></tr>
<tr><td colspan="4">客户签收：</td><td>年 月 日</td></tr>
</table>

任务二 竣 工 验 收

一、实训任务书

<table>
<tr><td>项目名称</td><td>竣工验收</td></tr>
<tr><td>实训内容</td><td>课时：2学时。
内容：①竣工验收前准备；②现场检查；③资料归档</td></tr>
<tr><td>基本要求</td><td>1. 竣工验收前准备
（1）受电工程竣工验收前，组织其生产、调度部门做好接电前新受电设施接入系统的准备和进线继电保护的整定、检验工作。
（2）受理客户竣工验收申请时，审核客户相关报送材料是否齐全有效，填写《客户受电工程竣工报验单》，并与客户预约验收时间，及时通知本单位参与工程验收的相关部门。
（3）进入SG186营销信息系统，按照要求填写相关信息并发送至下一环节。
2. 现场检查
（1）现场危险点辨识及预控：误碰带电设备触电；误入运行设备区域触电、客户生产危险区域；现场通道照明不足，基建工地易发生高空落物，碰伤、扎伤、摔伤等意外；现场安装设备与审核合格的设计图纸不符，私自改变接线方式或运行方式；根据相关要求做好现场危险点预控措施。
（2）竣工验收：电源接入方式、受电容量、电气主接线、运行方式、无功补偿、自备电源、计量配置、保护配置等是否符合供电方案；电气设备符合国家的政策法规，是否存在使用国家明令禁止的电气产品；试验项目齐全、结论合格；计量装置配置和接线符合计量规程要求。
（3）整改及复验：对检查中发现的问题，以《客户受电工程竣工检验意见单》的形式一次性通知客户整改。客户整改完成后，应报请供电企业复验。
（4）完成系统流程：进入SG186营销信息系统完成竣工验收流程。
3. 资料归档
按照一户一档的管理要求，将办理完毕的《客户受电工程竣工报验单》、《客户受电工程竣工检验意见单》及客户提供材料，统一装订成册，归类存放</td></tr>
</table>

续表

工器具材料准备	桌椅一套、中间检查报验资料、《客户受电工程竣工报验单》、《客户受电工程竣工检验意见单》、带SG186营销信息系统计算机一台、档案袋
学员准备及场地布置	（1）学员自备一套工装。 （2）项目实施场地：客户服务实训室
目标	熟练掌握重要客户竣工验收的工作事项

二、实训考核评分标准

姓名			工作单位		供电公司		供电所	成绩		
考核时间			时间记录	开始时间	时　分	结束时间	时　分			
项目名称		竣工验收								
考核任务		①竣工验收前准备；②现场检验；③资料归档								
项目		考核内容	考核要求			配分	评分标准		扣分	得分
竣工验收前准备	1.1	受理竣工验收	受理客户竣工验收申请时，审核客户相关报送材料是否齐全有效，填写《客户受电工程竣工报验单》			10	每一处不符合要求，扣5分，扣完为止			
	1.2		组织生产、调度部门，做好接电前新受电设施接入系统的准备和进线继电保护的整定、检验工作			5	未完成不得分			
	1.3	预约检查时间	与客户预约检查时间，时限满足要求，并通知相关部门人员按时参与；受理客户竣工报验申请时，应与客户洽谈意向接电时间			5	每一处不符合要求，扣5分，扣完为止			
	1.4	SG186系统操作	进入SG186营销信息系统，正确操作流程			5	未完成不得分			
现场查验	2.1	现场危险点辨识及预控	误碰带电设备触电；误入运行设备区域触电、客户生产危险区域			5	未完成不得分			
	2.2		现场通道照明不足，基建工地易发生高空落物，碰伤、扎伤、摔伤等意外			5	未完成不得分			
	2.3		现场安装设备与审核合格的设计图纸不符，私自改变接线方式或运行方式			5	未完成不得分			
	2.4	竣工验收	电源接入方式、受电容量、电气主接线、运行方式、无功补偿、自备电源、计量配置、保护配置等是否符合供电方案			10	每一处不符合要求，扣5分，扣完为止			
	2.5		电气设备符合国家的政策法规，是否存在使用国家明令禁止的电气产品			10	每一处不符合要求，扣5分，扣完为止			

续表

项目		考核内容	考核要求	配分	评分标准	扣分	得分
现场查验	2.6	竣工验收	试验项目齐全、结论合格	10	每一处不符合要求，扣5分，扣完为止		
	2.7		计量装置配置和接线符合计量规程要求	10	未完成不得分		
	2.8	整改及复验	对检查中发现的问题，以《客户受电工程竣工检验意见单》的形式一次性通知客户整改，复验合格后方可继续施工	10	每一处不符合要求，扣5分，扣完为止		
	2.9	完成系统流程	进入SG186营销信息系统完成中间检查流程	5	未完成不得分		
资料归档	3.1	规范入档	一户一档存放，资料齐全	5	未完成不得分		
考评员记事							

说明：(1) 单项扣分以实际配分为限，超过部分（除安全外）不再扣负分。
(2) 最终成绩评分为实际操作得分

考评员签字：
____年____月____日

三、相关表单

1. 客户受电工程竣工报验单

客户受电工程竣工报验单

客户基本信息				(档案标识二维码，系统自动生成)
户号		申请编号		
户名				
用电地址				
联系人		联系电话		
施工单位信息				
施工单位		施工资质		
联系人		联系电话		
报验信息				
有关说明：				
意向接电时间	年 月 日			
我户受电工程已竣工，请予检查。 客户签名：________				
供电企业填写	受理人：			
	受理日期： 年 月 日 (系统自动生成)			

2. 客户受电工程竣工检验意见单

客户受电工程竣工检验意见单

<table>
<tr><td>户号</td><td></td><td>申请编号</td><td></td><td rowspan="4">（档案标识二维码，系统自动生成）</td></tr>
<tr><td>户名</td><td colspan="3"></td></tr>
<tr><td>用电地址</td><td colspan="3"></td></tr>
<tr><td>联系人</td><td></td><td>联系电话</td><td></td></tr>
<tr><td colspan="3">资料检验</td><td colspan="2">检验结果（合格打“√”，不合格填写不合格具体内容）</td></tr>
<tr><td colspan="3">高压设备型式试验报告</td><td colspan="2"></td></tr>
<tr><td colspan="3">低压设备 3C 认证书</td><td colspan="2"></td></tr>
<tr><td colspan="3">值班人员名单及相应资格</td><td colspan="2"></td></tr>
<tr><td colspan="3">安全工器具清单及试验报告</td><td colspan="2"></td></tr>
<tr><td colspan="3">运行管理制度</td><td colspan="2"></td></tr>
<tr><td colspan="5">现场检验意见（可附页）：

供电企业（盖章）：</td></tr>
<tr><td>检验人</td><td colspan="2"></td><td>检验日期</td><td>年　月　日
（系统生动生成）</td></tr>
<tr><td colspan="4">客户签收：</td><td>年　月　日</td></tr>
</table>

实训情境五　送　　电

任务一　高压供用电合同起草

一、实训任务书

项目名称	高压供用电合同起草
实训内容	课时：6 学时。 内容：①收集合同起草依据；②起草合同；③合同起草基本规范
基本要求	1. 收集合同起草依据 《高压用电登记表》、《高压供电方案答复单》、客户受电装置施工竣工检验报告、用电计量装置安装完工报告、供用电设施运行维护管理协议（含多方产权维护协议）、大用电量客户单独签订的电费结算协议、对供电有特殊要求的客户签订的相关协议、其他双方事先约定的有关文件。

续表

<table>
<tr><td>基本要求</td><td>2. 起草合同
（1）使用统一国家电网公司合同模板（2014）起草。
（2）正确填写用电基本情况。包括用电地址、用电性质、用电容量、供电方式。
（3）明确产权分界点和运行维护责任划分。
（4）约定计量关系、电价及电费结算。
（5）供用电双方应承担的责任与义务。
（6）禁止行为与违约责任处理。
（7）合同生效、转让与变更。
（8）特别约定、附则等。
3. 合同起草基本规范
供用电合同应根据国家颁布的法律法规依法订立，合同条款叙述清晰、用语规范、文字严谨，供用电内容完整、信息准确。使用A4纸张双面打印</td></tr>
<tr><td>工器具材料准备</td><td>桌椅、文具、《高压用电登记表》、《高压供电方案答复单》、客户受电装置施工竣工检验报告、用电计量装置安装完工报告、供用电设施运行维护管理协议（含多方产权维护协议）、大用电量客户单独签订的电费结算协议、对供电有特殊要求的客户签订的相关协议、其他双方事先约定的有关文件、高压供用电合同模板</td></tr>
<tr><td>学员准备及场地布置</td><td>（1）学员独立完成。
（2）项目实施场地：客户服务实训室</td></tr>
<tr><td>目标</td><td>熟练掌握高压供用电合同起草的工作内容</td></tr>
</table>

二、实训考核评分标准

<table>
<tr><td colspan="2">姓名</td><td></td><td>工作单位</td><td colspan="3">供电公司</td><td>供电所</td><td rowspan="2">成绩</td><td colspan="2" rowspan="2"></td></tr>
<tr><td colspan="2">考核时间</td><td></td><td>时间记录</td><td>开始时间</td><td>时　分</td><td>结束时间</td><td>时　分</td></tr>
<tr><td colspan="2">项目名称</td><td colspan="9">高压供用电合同起草</td></tr>
<tr><td colspan="2">考核任务</td><td colspan="9">①收集合同起草依据；②起草合同；③合同起草基本规范</td></tr>
<tr><td colspan="2">项目</td><td>考核内容</td><td colspan="2">考核要求</td><td>配分</td><td colspan="3">评分标准</td><td>扣分</td><td>得分</td></tr>
<tr><td>收集起草依据</td><td>1.1</td><td>收集合同起草依据</td><td colspan="2">收齐《高压用电登记表》、《高压供电方案答复单》、客户受电装置施工竣工检验报告、用电计量装置安装完工报告、供用电设施运行维护管理协议（含多方产权维护协议）、大用电量客户单独签订的电费结算协议、对供电有特殊要求的客户签订的相关协议、其他双方事先约定的有关文件</td><td>10</td><td colspan="3">每一处不符合要求，扣5分，扣完为止</td><td></td><td></td></tr>
<tr><td rowspan="2">起草合同</td><td>2.1</td><td>选定模板</td><td colspan="2">使用统一国家电网公司合同模板（2014）起草</td><td>5</td><td colspan="3">每一处不符合要求，扣5分，扣完为止</td><td></td><td></td></tr>
<tr><td>2.2</td><td>合同起草</td><td colspan="2">正确填写合同条款相关内容</td><td>75</td><td colspan="3">每一处不符合要求，扣2分，扣完为止</td><td></td><td></td></tr>
</table>

续表

项目		考核内容	考核要求	配分	评分标准	扣分	得分
合同起草基本规范	3.1	作业规范	依法订立，合同条款叙述清晰、用语规范、文字严谨，供用电内容完整、信息准确	5	不符合要求不得分		
	3.2	文明办公	客户信息保密，废弃草稿妥善销毁	5	不符合要求不得分		
考评员记事							

说明：(1) 单项扣分以实际配分为限，超过部分（除安全外）不再扣负分。
(2) 最终成绩评分为实际操作得分

考评员签字：
____年____月____日

三、高压供用电合同起草范例（参见本书附录B）

任务二　高压报装现场送电工作步骤

一、实训任务书

项目名称	高压报装现场送电工作步骤
实训内容	课时：6学时。 内容：①收集现场送电资料，组织送电人员到场；②召开班前会；③检查送电现场安全措施准备情况；④实施送电方案；⑤接电后的检查；⑥抄录电能表指示数与确认工作单；⑦送电资料归档
基本要求	1. 收集现场送电资料，组织送电人员到场 现场送电资料包括《供电方案答复单》、竣工检验报告及说明、送电方案、《高压电能计量装接单》、《新装（增容）送电单》；参加现场送电的人员包括供电单位运检、调控、用电检查、计量、营业等部门，客户、施工单位及其他与送电工作有关的人员。 2. 召开班前会 宣布现场送电组织方案，明确送电范围、工作内容、人员职责与分工；用户和施工单位说明危险点分布及安全措施准备情况；客户经理督促供电方工作负责人做好班前会记录。 3. 检查送电现场安全措施准备情况 履行保证安全的组织措施和技术措施。用电检查人员与客户、施工单位一同，检查现场安全措施准备是否到位，避免发生现场安全事故。 4. 实施送电方案 供电单位调控部门执行现场送电方案。 5. 接电后的检查 供电单位计量人员现场检查用电负荷采集终端、计量装置运转是否正常；运检人员检查受电端电压质量是否合格；用户和施工单位确保新设备相位与系统一致。 6. 抄录电能表指示数与确认工作单 接电后，供电单位营业人员抄录电能表底度；《高压电能计量装接单》、《新装（增容）送电单》供用电双方签字，确认计量装置安装信息、送电容量和送电时间。 7. 送电资料归档 《高压电能计量装接单》、《新装（增容）送电单》送电工作完成后及时归入用户档案
工器具材料准备	桌椅、文具、《供电方案答复单》、竣工检验报告及说明、送电方案、《高压电能计量装接单》、《新装（增容）送电单》
学员准备及场地布置	(1) 学员独立完成。 (2) 学员自备现场工作服一套。 (3) 项目实施场地：客户服务实训室
目标	熟练掌握高压报装现场送电工作步骤

二、实训考核评分标准

<table>
<tr><td>姓名</td><td></td><td>工作单位</td><td colspan="3">供电公司</td><td>供电所</td><td rowspan="2">成绩</td><td rowspan="2"></td></tr>
<tr><td>考核时间</td><td></td><td>时间记录</td><td>开始时间</td><td>时　分</td><td>结束时间</td><td>时　分</td></tr>
<tr><td>项目名称</td><td colspan="8">高压报装现场送电工作步骤</td></tr>
<tr><td>考核任务</td><td colspan="8">①收集现场送电资料，组织送电人员到场；②召开班前会；③检查送电现场安全措施准备情况；④实施送电方案；⑤接电后的检查；⑥抄录电能表指示数与确认工作单；⑦送电资料归档</td></tr>
</table>

<table>
<tr><td colspan="2">项目</td><td>考核内容</td><td>考核要求</td><td>配分</td><td>评分标准</td><td>扣分</td><td>得分</td></tr>
<tr><td rowspan="2">资料人员准备</td><td>1.1</td><td>收集现场送电资料</td><td>《供电方案答复单》、竣工检验报告及说明、送电方案、带上《高压电能计量装接单》、《新装（增容）送电单》</td><td>5</td><td>每一处不符合要求，扣 2 分，扣完为止</td><td></td><td></td></tr>
<tr><td>1.2</td><td>明确送电工作人员</td><td>供电单位运检、调控、用电检查、计量、营业等部门，客户、施工单位及其他与送电工作有关的人员</td><td>5</td><td>不符合要求不得分</td><td></td><td></td></tr>
<tr><td>召开班前会</td><td>2.1</td><td>班前会主要内容</td><td>（1）明确送电范围、工作内容、人员职责与分工。
（2）用户和施工单位说明危险点分布及安全措施准备情况。
（3）客户经理督促供电方工作负责人做好班前会记录</td><td>15</td><td>每一项不符合要求，扣 5 分，扣完为止</td><td></td><td></td></tr>
<tr><td rowspan="2">现场安全检查</td><td>3.1</td><td>现场模拟检查</td><td>（1）带电设备与不带电设备是否实施有效隔离。
（2）是否落实保证安全的组织措施和技术措施。
（3）安全工器具是否合格</td><td>30</td><td>每一项不符合要求，扣 10 分，扣完为止</td><td></td><td></td></tr>
<tr><td>3.2</td><td>人员职责清晰</td><td>用电检查人员与客户、施工单位一同，检查现场安全措施准备是否到位</td><td>5</td><td>不符合要求不得分</td><td></td><td></td></tr>
<tr><td>送电</td><td>4.1</td><td>人员职责清晰</td><td>调控人员执行送电方案</td><td>5</td><td>不符合要求不得分</td><td></td><td></td></tr>
<tr><td rowspan="3">接电后的检查</td><td>5.1</td><td>计量装置运行检查</td><td>计量人员现场检查用电负荷采集终端、计量装置运转是否正常</td><td>5</td><td>不符合要求不得分</td><td></td><td></td></tr>
<tr><td>5.2</td><td>受端电能质量检查</td><td>运检人员检查受电端电压质量是否合格</td><td>3</td><td>不符合要求不得分</td><td></td><td></td></tr>
<tr><td>5.3</td><td>用户核相</td><td>用户和施工单位确保新设备相位与系统一致</td><td>2</td><td>不符合要求不得分</td><td></td><td></td></tr>
<tr><td rowspan="2">数据抄录确认</td><td>6.1</td><td>抄录电能表底度</td><td>供电单位营业人员抄录电能表底度</td><td>5</td><td>不符合要求不得分</td><td></td><td></td></tr>
<tr><td>6.2</td><td>工单确认</td><td>《高压电能计量装接单》、《新装（增容）送电单》供用电双方签字</td><td>10</td><td>每一项不符合要求，扣 5 分，扣完为止</td><td></td><td></td></tr>
<tr><td>归档</td><td>7.1</td><td>资料归档</td><td>《高压电能计量装接单》、《新装（增容）送电单》等接电完成后及时归入用户档案</td><td>5</td><td>不符合要求不得分</td><td></td><td></td></tr>
</table>

续表

项目		考核内容	考核要求	配分	评分标准	扣分	得分
行为规范	8.1	现场行为规范	现场工作人员着装规范，遵守现场安全工作规程，不误碰带电设备，不代替用户操作	5	符合要求不得分		
考评员记事							
说明：（1）单项扣分以实际配分为限，超过部分（除安全外）不再扣负分。 （2）最终成绩评分为实际操作得分							

考评员签字：

____年____月____日

三、相关工作单

1. 高压电能计量装接单

高压电能计量装接单

95598

客户基本信息						（档案标识二维码，系统自动生成）
户号			申请编号			
户名						
用电地址						
联系人		联系电话		供电电压		
合同容量		计量方式		接线方式		

装拆计量装置信息									
装/拆	资产编号	计度器类型	表库仓位码	位数	底度	自身倍率（变比）	电流	规格型号	计量点名称

流程摘要		备注		表计、计量箱（柜）已加封，电能表存度本人已确认 客户签章： 年　月　日
装接人员		装接日期		年　月　日

2. 新装（增容）送电单

你用电·我用心
Your Power Our Care

新装（增容）送电单

户号			申请编号			（档案标识二维码，系统自动生成）		
户名								
用电地址								
联系人			联系电话					
申请容量			合计容量					
电源编号	电源性质	电源类型	供电电压	变电所	线路	杆号	变压器台数	变压器容量
送电结果和意见：								
送电人				送电日期		年　月　日		
客户意见：								
客户签收：								年　月　日

实训情境六　业扩报装服务规范与技巧

任务一　现场服务规范

一、实训任务书

项目名称	客户经理现场服务规范
实训内容	课时：2学时。 内容：①服务礼仪规范；②现场服务内容；③服务语言规范
基本要求	1. 服务礼仪规范 （1）形象规范：着装统一、整洁、得体；仪容自然、端庄、大方；微笑适时适度，尊敬友善；眼神神情专注，正视对方。

续表

基本要求	（2）行为规范：站姿挺拔匀称、自然优美；坐姿高雅庄重、自然大方；走姿优雅稳重、协调匀速；蹲姿从容稳定、优雅自然；手势准确规范、简洁明快。 （3）礼仪规范。 称呼礼仪：主动、准确地称呼对方，用尊称向对方问候。 接待礼仪：热情迎候，周到服务，送客有礼。 握手礼仪：身到，笑到，手到、眼到、问候到；把握“尊者决定，尊者先行”的原则；注重握手方式的规范。 递接礼仪：正面相对，面带微笑，单据的文字正对对方，双手或右手递接；交接钱物时双手递接，做到唱收唱付，轻拿轻放，不抛不弃。 电话礼仪：拨打适宜，接听及时，标准首问，语调柔和，音量适中，遵循“3分钟原则”，挂机有礼。 2. 现场服务内容 （1）供电方案答复：业务受理、现场勘查、确定供电方案、供电方案答复。 （2）工程设计：工程设计、设计图纸审核、业务收费。 （3）工程建设：客户工程施工、电网配套工程建设、中间检查、竣工验收、计量配置与安装、停送电计划制定。 （4）送电：供用电合同、调度协议签订、送电、资料归档。 3. 服务语言规范： （1）礼貌用语：语言表达准确简洁；语音语调亲切诚恳；说话时要保持微笑。 （2）服务规范用语：能根据不同的服务情境准确规范使用服务用语
工器具材料准备	座椅、单据、零钱、纸杯、电话等
学员准备及场地布置	（1）学员自备一套工装。 （2）四名学员组成一个任务小组。 （3）项目实施场地：客户服务实训室
目标	熟练掌握业务受理服务礼仪规范、现场服务内容及服务语言规范

二、实训考核评分标准

姓名		工作单位		供电公司		供电所	成绩	
考核时间		时间记录	开始时间	时　分	结束时间	时　分		
项目名称	客户经理现场服务规范							
考核任务	①服务礼仪规范；②现场服务内容；③服务语言规范							

项目		考核内容	考核要求	配分	评分标准	扣分	得分
服务礼仪规范	1.1	形象规范	着装统一、整洁、得体；仪容自然、端庄、大方；微笑适时适度，尊敬友善；眼神神情专注，正视对方	5	每一处不符合要求，扣1分，扣完为止		
	1.2	行为规范	站姿挺拔匀称、自然优美；坐姿高雅庄重、自然大方；走姿优雅稳重、协调匀速；蹲姿从容稳定、优雅自然；手势准确规范、简洁明快	5	每一处不符合要求，扣1分，扣完为止		

续表

项目		考核内容	考核要求	配分	评分标准	扣分	得分
服务礼仪规范	1.3	礼仪规范	称呼礼仪：主动、准确地称呼对方，用尊称向对方问候。 接待礼仪：热情迎候，周到服务，送客有礼。 握手礼仪：身到，笑到，手到、眼到、问候到；把握“尊者决定，尊者先行”的原则；注重握手方式的规范。 递接礼仪：正面相对，面带微笑，单据的文字正对对方，双手或右手递接；交接钱物时双手递接，做到唱收唱付，轻拿轻放，不抛不弃。 电话礼仪：拨打适宜，接听及时，标准首问，语调柔和，音量适中，遵循“3分钟原则”，挂机有礼	15	每一处不符合要求，扣3分，扣完为止		
现场服务内容	2.1	供电方案答复	能准确回答业务受理、现场勘查、确定供电方案、供电方案答复相关服务内容	15	每一处不符合要求，扣1分，扣完为止		
	2.2	工程设计	能准确回答工程设计、设计图纸审核、业务收费相关服务内容	15	每一处不符合要求，扣1分，扣完为止		
	2.3	工程建设	能准确回答客户工程施工、电网配套工程建设、中间检查、竣工验收、计量配置与安装、停送电计划制定相关服务内容	15	每一处不符合要求，扣1分，扣完为止		
	2.4	送电	能准确回答供用电合同、调度协议签订、送电、资料归档相关服务内容	15	每一处不符合要求，扣1分，扣完为止		
服务语言规范	3.1	礼貌用语	能准确根据不同的服务情景熟练运用礼貌用语	5	每一处不符合要求，扣1分，扣完为止		
	3.2	服务规范用语	能准确根据不同的服务情境熟练运用服务用语	10	每一处不符合要求，扣1分，扣完为止		
考评员记事							

说明：(1) 单项扣分以实际配分为限，超过部分（除安全外）不再扣负分。
(2) 最终成绩评分为实际操作得分

考评员签字：

____年____月____日

第三篇　客户经理实训指导（高级）

实训情境一　业扩报装基础知识

任务一　分布式电源并网服务报装流程与时限

一、实训任务书

项目名称	分布式电源并网服务报装流程与时限
实训内容	课时：2 学时。 内容：①分布式光伏用户的分类；②第一类用户报装流程与时限要求；③第二类用户报装流程与时限要求
基本要求	1. 分布式用户的分类 分布式电源（不含小水电）分为两种类型：第一类为 10kV 及以下电压等级接入，且单个并网点总装机容量不超过 6MW 的分布式电源。第二类为 35kV 电压等级接入，年自发自用电量大 50％的分布式电源；或 10kV 电压等级接入且单个并网点总装机容量超过 6MW，年自发自用电量大于 50％的分布式电源。通过实训学习能够熟练掌握分布式电源并网服务中各环节中的主要内容和基本流程，计算相应考核时限。 2. 第一类分布式电源的报装流程与时限要求

380（220）V 接入电网分布式电源客户

序号		工作内容	开始时间	完成时间	考核时限（工作日）		累计时间（工作日）	
					光伏	其他	光伏	其他
1	并行	受理申请	受理并网申请	受理并网申请完成	当日录入系统		2	2
		受理申请	受理并网申请完成	将申请资料转发展部，并通知经研所	2			
		现场勘查	受理并网申请完成	完成现场勘查	2			
2	—	编制方案	完成现场勘查	制定接入系统方案并报审	10（20）	30	12（22）	32
3	—	审查方案	收到接入系统方案	出具审查意见、接入电网意见函	5		17（27）	37
4	—	答复方案	收到审查意见、接入电网意见函	答复接入系统方案、接入电网意见函	3		20（30）	40

10kV 接入电网分布式电源客户

序号		工作内容	开始时间	完成时间	考核时限（工作日）		累计时间（工作日）	
					光伏	其他	光伏	其他
1	并行	受理申请	受理并网申请	受理并网申请完成	当日录入系统		2	2
		受理申请	受理并网申请完成	将申请资料转发展部，并通知经研所	2			
		现场勘查	受理并网申请完成	完成现场勘查	2			
2	—	编制方案	完成现场勘查	制定接入系统方案并报审	10（20）	30	12（22）	32
3	—	审查方案	收到接入系统方案	出具审查意见、接入电网意见函	5		17（27）	37
4	—	答复方案	收到审查意见、接入电网意见函	答复接入系统方案、接入电网意见函	3		20（30）	40

续表

基本要求

380（220）V 接入电网分布式电源客户								
序号		工作内容	开始时间	完成时间	考核时限（工作日）光伏	考核时限（工作日）其他	累计时间（工作日）光伏	累计时间（工作日）其他
5	—	审查设计文件	受理审查申请	答复审查意见	10		30（40）	50
6	并行	客户工程实施	设计审查完毕	根据施工进度	—		—	—
6	并行	电网配套工程实施	ERP 建项	根据施工进度	与客户工程同步或提前竣工		—	—
7	并行	受理验收申请	受理验收申请	申请资料存档，并转相关部门	2		40（50）	60
7	并行	计量装置安装	受理验收申请	完成计量装置安装	10			
7	并行	签订《发用电合同》	受理验收申请	完成合同签订	10			
7	并行	签订《并网调度协议》	受理验收申请	完成协议签订	10			
8	—	并网验收调试	完成计量装置安装	完成并网验收及调试	10		50（60）	70
9	—	并网	并网验收调试合格后直接并网	—				
点并网的分布式光伏项目，在答复接入系统方案后增加设计审查环节，受理设计审查申请后 10 个工作日内答复审查意见								

10kV 接入电网分布式电源客户								
序号		工作内容	开始时间	完成时间	考核时限（工作日）光伏	考核时限（工作日）其他	累计时间（工作日）光伏	累计时间（工作日）其他
5	—	审查设计文件	受理审查申请	答复审查意见	10		30（40）	50
6	并行	客户工程实施	设计审查完毕	根据施工进度	—		—	—
6	并行	电网配套工程实施	ERP 建项	根据施工进度	与客户工程同步或提前竣工		—	—
7	并行	受理验收申请	受理验收申请	申请资料存档，并转相关部门	2		40（50）	60
7	并行	计量装置安装	受理验收申请	完成计量装置安装	10			
7	并行	签订《发用电合同》	受理验收申请	完成合同签订	10			
7	并行	签订《并网调度协议》	受理验收申请	完成协议签订	10			
8	—	并网验收调试	完成计量装置安装	完成并网验收及调试	10		50（60）	70
9	—	并网	并网验收调试合格后直接并网	—				
分布式光伏发电接入系统方案编制工作时限，单点并网项目 10 个工作日，多点并网项目 20 个工作日								

3. 第二类分布式电源的报装流程与时限要求

380（220）V 接入电网分布式电源客户								
序号		工作内容	开始时间	完成时间	考核时限（工作日）光伏	考核时限（工作日）其他	累计时间（工作日）光伏	累计时间（工作日）其他
1	并行	受理申请	受理并网申请	受理并网申请完成	当日录入系统		2	2
1	并行	受理申请	受理并网申请完成	将申请资料转发展部，并通知经研所	2			
1	并行	现场勘查	受理并网申请完成	完成现场勘查	2			

10kV 接入电网分布式电源客户								
序号		工作内容	开始时间	完成时间	考核时限（工作日）光伏	考核时限（工作日）其他	累计时间（工作日）光伏	累计时间（工作日）其他
1	并行	受理申请	受理并网申请	受理并网申请完成	当日录入系统		2	2
1	并行	受理申请	受理并网申请完成	将申请资料转发展部，并通知经研所	2			
1	并行	现场勘查	受理并网申请完成	完成现场勘查	2			

续表

基本要求

380（220）V接入电网分布式电源客户

序号		工作内容	开始时间	完成时间	考核时限（工作日）光伏	考核时限（工作日）其他	累计时间（工作日）光伏	累计时间（工作日）其他
2	—	编制方案	完成现场勘察	制定接入系统方案并报审	10（20）	30	12（22）	32
3	—	审查方案	收到接入系统方案	出具审查意见、接入电网意见函	5		17（27）	37
4	—	答复方案	收到审查意见、接入电网意见函	答复接入系统方案、接入电网意见函	3		20（30）	40
5	—	审查设计文件	受理审查申请	答复审查意见	10		30（40）	50
6	并行	客户工程实施	设计审查完毕	根据施工进度	—		—	—
		电网配套工程实施	ERP建项	根据施工进度	与客户工程		—	—
					同步或提前竣工			
7	并行	受理验收申请	受理验收申请	申请资料存档，并转相关部门	2		40（50）	60
		计量装置安装	受理验收申请	完成计量装置安装	10			
		签订《发用电合同》	受理验收申请	完成合同签订	10			
		签订《并网调度协议》	受理验收申请	完成协议签订	10			
8	—	并网验收调试	完成计量装置安装	完成并网验收及调试	10		50（60）	70
9	—	并网	并网验收调试合格后直接并网	—				

点并网的分布式光伏项目，在答复接入系统方案后增加设计审查环节，受理设计审查申请后10个工作日内答复审查意见

10kV接入电网分布式电源客户

序号		工作内容	开始时间	完成时间	考核时限（工作日）光伏	考核时限（工作日）其他	累计时间（工作日）光伏	累计时间（工作日）其他
2	—	编制方案	完成现场勘察	制定接入系统方案并报审	10（20）	30	12（22）	32
3	—	审查方案	收到接入系统方案	出具审查意见、接入电网意见函	5		17（27）	37
4	—	答复方案	收到审查意见、接入电网意见函	答复接入系统方案、接入电网意见函	3		20（30）	40
5	—	审查设计文件	受理审查申请	答复审查意见	10		30（40）	50
6	并行	客户工程实施	设计审查完毕	根据施工进度	—		—	—
		电网配套工程实施	ERP建项	根据施工进度	与客户工程		—	—
					同步或提前竣工			
7	并行	受理验收申请	受理验收申请	申请资料存档，并转相关部门	2		40（50）	60
		计量装置安装	受理验收申请	完成计量装置安装	10			
		签订《发用电合同》	受理验收申请	完成合同签订	10			
		签订《并网调度协议》	受理验收申请	完成协议签订	10			
8	—	并网验收调试	完成计量装置安装	完成并网验收及调试	10		50（60）	70
9	—	并网	并网验收调试合格后直接并网	—				

分布式光伏发电接入系统方案编制工作时限，单点并网项目10个工作日，多点并网项目20个工作日

工器具材料准备	桌椅
学员准备及场地布置	（1）学员自备一套工装。 （2）学员独立完成
目标	熟练掌握分布式电源并网服务报装流程与时限相关要求

二、实训考核评分标准

<table>
<tr><td>姓名</td><td colspan="2"></td><td>工作单位</td><td colspan="3">供电公司　　　　供电所</td><td rowspan="2">成绩</td><td rowspan="2" colspan="2"></td></tr>
<tr><td>考核时间</td><td colspan="2"></td><td>时间记录</td><td>开始时间</td><td>时　分</td><td>结束时间　时　分</td></tr>
<tr><td>项目名称</td><td colspan="10">分布式电源并网服务报装流程与时限</td></tr>
<tr><td>考核任务</td><td colspan="10">①第一类用户报装流程与时限要求；②第二类用户报装流程与时限要求</td></tr>
<tr><td colspan="2">项目</td><td>考核内容</td><td colspan="3">考核要求</td><td>配分</td><td>评分标准</td><td>扣分</td><td>得分</td></tr>
<tr><td rowspan="2">第一类</td><td>1.1</td><td>基本流程</td><td colspan="3">掌握第一类分布式电源并网服务操作流程</td><td>25</td><td>每一处不符合要求，扣 5 分，扣完为止</td><td></td><td></td></tr>
<tr><td>1.2</td><td>时限要求</td><td colspan="3">掌握第一类分布式电源并网服务操作流程考核时限要求</td><td>25</td><td>每一处不符合要求，扣 5 分，扣完为止</td><td></td><td></td></tr>
<tr><td rowspan="2">第二类</td><td>2.1</td><td>基本流程</td><td colspan="3">掌握第二类分布式电源并网服务操作流程</td><td>25</td><td>每一处不符合要求，扣 5 分，扣完为止</td><td></td><td></td></tr>
<tr><td>2.2</td><td>时限要求</td><td colspan="3">掌握第二类分布式电源并网服务操作流程考核时限要求</td><td>25</td><td>每一处不符合要求，扣 5 分，扣完为止</td><td></td><td></td></tr>
<tr><td>考评员记事</td><td colspan="10"></td></tr>
</table>

说明：(1) 单项扣分以实际配分为限，超过部分（除安全外）不再扣负分。
(2) 最终成绩评分为实际操作得分

考评员签字：
____年____月____日

任务二　充换电设施用电业务报装流程与时限

一、实训任务书

<table>
<tr><td>项目名称</td><td>充换电设施用电业务报装流程与时限</td></tr>
<tr><td>实训内容</td><td>课时：2 学时。
内容：①低压充换电设施报装项目基本流程与时限要求；②高压充换电设施报装项目基本流程与时限要求</td></tr>
<tr><td>基本要求</td><td>低压充换电设施报装项目业务流程及办理时限
<table>
<tr><th>阶段名称</th><th>工作内容</th><th>业务办理参考时限（工作日）</th></tr>
<tr><td rowspan="3">供电方案答复</td><td>受理申请</td><td>当日录入系统</td></tr>
<tr><td>现场勘查</td><td rowspan="2">1</td></tr>
<tr><td>供电方案答复</td></tr>
<tr><td rowspan="2">工程建设及送电</td><td>工程施工、竣工验收</td><td rowspan="2">5</td></tr>
<tr><td>供用电合同签订、装表送电</td></tr>
</table></td></tr>
</table>

续表

<table>
<tr><td>基本要求</td><td>
高压充换电设施报装项目业务流程及办理时限
<table>
<tr><th>阶段名称</th><th>工作内容</th><th>业务办理参考时限（工作日）</th></tr>
<tr><td rowspan="4">供电方案答复</td><td>受理申请</td><td>当日录入系统</td></tr>
<tr><td>现场勘查</td><td>1</td></tr>
<tr><td>确定供电方案</td><td>12</td></tr>
<tr><td>供电方案答复</td><td>1</td></tr>
<tr><td>工程设计</td><td>图纸审查</td><td>5</td></tr>
<tr><td rowspan="5">工程建设</td><td>受电工程施工</td><td>—</td></tr>
<tr><td>电网配套工程施工</td><td>60</td></tr>
<tr><td>竣工验收</td><td rowspan="3">5</td></tr>
<tr><td>装表</td></tr>
<tr><td>停（送）电计划制订</td></tr>
<tr><td rowspan="3">送电</td><td>供用电合同签订</td><td rowspan="3">5</td></tr>
<tr><td>调度协议签订</td></tr>
<tr><td>送电</td></tr>
</table>
</td></tr>
<tr><td>工器具材料准备</td><td>桌椅</td></tr>
<tr><td>学员准备
及场地布置</td><td>（1）学员自备一套工装。
（2）学员独立完成</td></tr>
<tr><td>目标</td><td>熟练掌握分布式电源并网服务报装流程与时限相关要求</td></tr>
</table>

二、实训考核评分标准

<table>
<tr><td colspan="2">姓名</td><td></td><td>工作单位</td><td colspan="3">供电公司</td><td>供电所</td><td rowspan="2">成绩</td><td rowspan="2"></td></tr>
<tr><td colspan="2">考核时间</td><td></td><td>时间记录</td><td>开始时间</td><td>时　分</td><td>结束时间</td><td>时　分</td></tr>
<tr><td colspan="2">项目名称</td><td colspan="8">充换电设施报装项目基本流程与时限</td></tr>
<tr><td colspan="2">考核任务</td><td colspan="8">①低压充换电设施报装项目基本流程与时限要求；②高压充换电设施报装项目基本流程与时限要求</td></tr>
<tr><td colspan="2">项目</td><td>考核内容</td><td colspan="3">考核要求</td><td>配分</td><td>评分标准</td><td>扣分</td><td>得分</td></tr>
<tr><td rowspan="2">低压</td><td>1.1</td><td>基本流程</td><td colspan="3">掌握低压充换电设施报装项目操作流程</td><td>25</td><td>每一处不符合要求，扣5分，扣完为止</td><td></td><td></td></tr>
<tr><td>1.2</td><td>时限要求</td><td colspan="3">掌握低压充换电设施报装项目操作流程考核时限要求</td><td>25</td><td>每一处不符合要求，扣5分，扣完为止</td><td></td><td></td></tr>
<tr><td rowspan="2">高压</td><td>2.1</td><td>基本流程</td><td colspan="3">掌握高压充换电设施报装项目操作流程</td><td>25</td><td>每一处不符合要求，扣5分，扣完为止</td><td></td><td></td></tr>
<tr><td>2.2</td><td>时限要求</td><td colspan="3">掌握高压充换电设施报装项目操作流程考核时限要求</td><td>25</td><td>每一处不符合要求，扣5分，扣完为止</td><td></td><td></td></tr>
<tr><td colspan="2">考评员记事</td><td colspan="8"></td></tr>
</table>

说明：（1）单项扣分以实际配分为限，超过部分（除安全外）不再扣负分。
（2）最终成绩评分为实际操作得分

考评员签字：

____年____月____日

任务三 电压等级选择

一、实训任务书

<table>
<tr><td>项目名称</td><td>对新装、增容客户确定电压等级选择标准</td></tr>
<tr><td>实训内容</td><td>课时：2 学时。
内容：《国家电网公司业扩供电方案编制导则》</td></tr>
<tr><td>基本要求</td><td>1. 掌握《国家电网公司业扩供电方案编制导则》中电压等级选择的基本原则
<table>
<tr><td>供电电压等级</td><td>用电设备容量</td><td>受电变压器总容量</td></tr>
<tr><td>220V</td><td>10kW 及以下单相设备</td><td></td></tr>
<tr><td>380V</td><td>100kW 及以下</td><td>50kVA 及以下</td></tr>
<tr><td>10kV</td><td></td><td>50kVA～10MVA</td></tr>
<tr><td>35kV</td><td></td><td>5～40MVA</td></tr>
<tr><td>66kV</td><td></td><td>15～40MVA</td></tr>
<tr><td>110kV</td><td></td><td>20～100MVA</td></tr>
<tr><td>220kV</td><td></td><td>100MVA 及以上</td></tr>
</table>
2. 掌握《国家电网公司业扩供电方案编制导则》中电压等级选择的其他原则
（1）无 35kV 电压等级的，10kV 电压等级受电变压器总容量为 50kVA～15MVA。
（2）供电半径超过本级电压规定时，可按高一级电压供电。
（3）具有冲击负荷、波动负荷、非对称负荷的客户，宜采用由系统变电所新建线路或提高电压等级供电的供电方式</td></tr>
<tr><td>工器具材料准备</td><td>桌椅、档案袋、范例资料</td></tr>
<tr><td>学员准备
及场地布置</td><td>（1）学员自备一套工装。
（2）项目实施场地：客户服务实训室</td></tr>
<tr><td>目标</td><td>掌握确定新装、增容客户电压等级选择的技能</td></tr>
</table>

二、实训考核评分标准

<table>
<tr><td colspan="2">姓名</td><td></td><td>工作单位</td><td colspan="3">供电公司</td><td>供电所</td><td rowspan="2">成绩</td><td></td></tr>
<tr><td colspan="2">考核时间</td><td></td><td>时间记录</td><td>开始时间</td><td>时　分</td><td>结束时间</td><td>时　分</td><td></td></tr>
<tr><td colspan="2">项目名称</td><td colspan="8">对新装、增容客户确定电压等级选择标准</td></tr>
<tr><td colspan="2">考核任务</td><td colspan="8">学习掌握《国家电网公司业扩供电方案编制导则》中电压等级选择原则</td></tr>
<tr><td colspan="2">项目</td><td>考核内容</td><td colspan="3">考核要求</td><td>配分</td><td>评分标准</td><td>扣分</td><td>得分</td></tr>
<tr><td rowspan="2">确定原则学习</td><td>1</td><td>《编制导则》中电压等级选择的原则性规定</td><td colspan="3">正确掌握《编制导则》中电压等级选择的原则性规定</td><td>70</td><td>每一处不符合要求，扣 10 分，扣完为止</td><td></td><td></td></tr>
<tr><td>2</td><td>《编制导则》中电压等级选择的其他原则</td><td colspan="3">对于无 35kV 电压等级、供电半径超过本级电压等级及具有冲击、波动负荷等时的确定原则</td><td>15</td><td>每一处不符合要求，扣 5 分，扣完为止</td><td></td><td></td></tr>
</table>

续表

项目		考核内容	考核要求	配分	评分标准	扣分	得分
实例解答	3	实例考察掌握情况	列举实例检验学员掌握情况，重点是各受电容量范围应选取的电压等级及其他情况时就选取原则	15	每一处不符合要求扣5分，扣完为止		
考评员记事							

说明：（1）单项扣分以实际配分为限，超过部分（除安全外）不再扣负分。
（2）最终成绩评分为实际操作得分

考评员签字：
____年____月____日

任务四　重要客户的甄别

一、实训任务书

项目名称	重要客户的甄别
实训内容	课时：2学时。 内容：①电监安全［2008］43号文的记忆；②根据用户实际性质判定重要用户等级
基本要求	1. 特级重要客户（国务院，各国领事馆） 是指在管理国家事务中具有特别重要作用，中断供电将可能危害国家安全的电力用户。 2. 一级重要用户（省/市政府，机场，大型医院） 是指中断供电将可能产生下列后果之一的： （1）直接引发人身伤亡的。 （2）造成严重环境污染的。 （3）发生中毒、爆炸或火灾的。 （4）造成重大政治影响的。 （5）造成重大经济损失的。 （6）造成较大范围社会公共秩序严重混乱的。 3. 二级重要用户（污水处理厂，化工厂，中、小型医院） （1）造成较大环境污染的。 （2）造成较大政治影响的。 （3）造成较大经济损失的。 （4）造成一定范围社会公共秩序严重混乱的。 4. 临时性重要电力用户（地铁施工的基建项目，排水泵站） 是指需要临时特殊供电保障的电力用户
工器具材料准备	书桌、座椅
学员准备及场地布置	（1）学员自备文具。 （2）每位学员单独书桌、座椅
目标	熟练掌握重要用户的分类和根据用户实际性质正确判断重要等级

二、实训考核评分标准

姓名		工作单位	供电公司		供电所		成绩	
考核时间		时间记录	开始时间	时　分	结束时间	时　分		
项目名称	重要客户的甄别							
考核任务	①电监安全［2008］43号文的记忆；②根据用户实际性质判定重要用户等级							

续表

项目		考核内容	考核要求	配分	评分标准	扣分	得分
文件记忆	1.1	背诵特级重要客户性质	准确	5	正确得分，不正确不得分		
	1.2	背诵一级重要用户性质	准确	30	共6点，每一点不正确扣5分		
	1.3	背诵二级重要用户客户性质	准确	20	共4点，每一点不正确扣5分		
	1.4	背诵临时性重要电力用户性质	准确	5	正确得分，不正确不得分		
判定重要用户等级	2	判断重要用户等级	根据用户实际性质判定重要用户等级（国务院，各国领事馆，省/市政府，机场，大型医院，污水处理厂，化工厂，中、小型医院，地铁施工的基建项目，排水泵站）	40	判断错1个，扣4分，扣完为止		
考评员记事							

说明：（1）单项扣分以实际配分为限，超过部分（除安全外）不再扣负分。
（2）最终成绩评分为实际操作得分

考评员签字：
____年____月____日

实训情境二　供电方案答复

任务一　电气主接线形式

一、实训任务书

项目名称	电气主接线形式
实训内容	课时：2学时。 内容：①桥形接线；②单母线；③单母线分段；④双母线；⑤线路变压器组，变压器接线形式需符合的相关要求
基本要求	1. 桥形接线 将两个线路—变压器组单元通过一组断路器连在一起称为桥形接线。根据断路器装设的位置分为“内桥”和“外桥”两种。 2. 单母线 单母线接线的特点是接线简单清晰、操作方便、所用电气设备少、配电装置的投资费用低，但可靠性差，在母线和母线侧隔离开关检修时，或母线上隔离开关发生故障时，会造成变电所全所停电。 3. 单母线分段 单母线分段接线是将两段单母线用断路器连接在一起。对供电可靠性要求较高的负荷采用这种接线，适用于用电容量较大的变电所及一、二级负荷的用户。 4. 双母线 双母线接线是将变压器的出线接于两个母线上（一般称为正母线、副母线），这种接线供电可靠性比较高。适用于对供电可靠性要求比较高的一级负荷。

续表

基本要求	5. 线路变压器组 线路变压器组接线简单，设备少、投资省。但其中任一电气设备故障或检修时，都会引起停电。在双电源变电所中，采用两回线路变压器组接线时，但一回线路停电时，将停用一台变压器。这种接线适用于二、三级负荷。 6. 不同负荷性质接线形式需符合的相关要求 （1）具有两回线路供电的一级负荷客户，其电气主接线的确定应符合下列要求。 1）35kV及以上电压等级应采用单母线分段接线或双母线接线。装设两台及以上主变压器。10kV侧应采用单母线分段接线。 2）10kV电压等级应采用单母线分段接线。装设两台及以上变压器。0.4kV侧应采用单母线分段接线。 （2）具有两回线路供电的二级负荷客户，其电气主接线的确定应符合下列要求。 1）35kV及以上电压等级宜采用桥形、单母线分段、线路变压器组接线。装设两台及以上主变压器。中压侧应采用单母线分段接线。 2）10kV电压等级宜采用单母线分段、线路变压器组接线。装设两台及以上变压器。0.4kV侧应采用单母线分段接线。 （3）单回线路供电的三级负荷客户，其电气主接线采用单母线或线路变压器组接线
工器具材料准备	学员桌椅、电气主接线形式相关案例
学员准备及场地布置	（1）学员独立完成。 （2）教室
目标	掌握电气主接线形式配置

二、实训考核评分标准

<table>
<tr><td colspan="2">姓名</td><td></td><td>工作单位</td><td colspan="2">供电公司</td><td colspan="2">供电所</td><td rowspan="2">成绩</td><td></td></tr>
<tr><td colspan="2">考核时间</td><td></td><td>时间记录</td><td>开始时间</td><td>时　分</td><td>结束时间</td><td>时　分</td><td></td></tr>
<tr><td colspan="2">项目名称</td><td colspan="8">电气主接线形式</td></tr>
<tr><td colspan="2">考核任务</td><td colspan="8">①桥形接线；②单母线；③单母线分段；④双母线；⑤线路变压器组；⑥不同负荷性质接线形式需符合的相关要求</td></tr>
<tr><td colspan="2">项目</td><td>考核内容</td><td>考核要求</td><td>配分</td><td>评分标准</td><td>扣分</td><td>得分</td></tr>
<tr><td rowspan="5">电气主接线形式</td><td>1.1</td><td>桥型接线</td><td>掌握“内桥”和“外桥”的区别及适用范围</td><td>15</td><td>每一处不符合要求，扣1分，扣完为止</td><td></td><td></td></tr>
<tr><td>1.2</td><td>单母线</td><td>掌握单母线接线方式的特点及适用范围</td><td>15</td><td>每一处不符合要求，扣1分，扣完为止</td><td></td><td></td></tr>
<tr><td>1.3</td><td>单母线分段</td><td>掌握单母线分段接线方式的特点及适用范围</td><td>15</td><td>每一处不符合要求，扣1分，扣完为止</td><td></td><td></td></tr>
<tr><td>1.4</td><td>双母线</td><td>掌握双母线分段接线方式的特点及适用范围</td><td>15</td><td>每一处不符合要求，扣1分，扣完为止</td><td></td><td></td></tr>
<tr><td>1.5</td><td>线路变压器组</td><td>掌握线路变压器组接线方式的特点及适用范围</td><td>15</td><td>每一处不符合要求，扣1分，扣完为止</td><td></td><td></td></tr>
</table>

续表

项目		考核内容	考核要求	配分	评分标准	扣分	得分
相关配置要求	2.1	不同负荷性质的接线要求	掌握一级负荷、二级负荷、三级负荷对电气主接线形式的要求	25	每一处不符合要求，扣 1 分，扣完为止		
考评员记事							

说明：(1) 单项扣分以实际配分为限，超过部分（除安全外）不再扣负分。
(2) 最终成绩评分为实际操作得分

考评员签字：
____年____月____日

任务二　继电保护及自动化装置

一、实训任务书

项目名称	继电保护及自动化装置
实训内容	课时：2 学时。 内容：①继电保护配置的基本原则；②进线保护的配置原则；③主变压器保护的配置原则；④继电保护和自动装置设计参考依据
基本要求	1. 继电保护配置的基本原则 客户变电所中的电力设备和线路，应装设反应短路故障和异常运行的继电保护和安全自动装置，满足可靠性、选择性、灵敏性和速动性的要求；客户变电所中的电力设备和线路的继电保护应有主保护、后备保护和异常运行保护，必要时可增设辅助保护；10kV 及以上变电所宜采用数字式继电保护装置；备用电源自动投入装置应具有保护动作闭锁的功能。 2. 进线保护的配置原则 (1) 110kVA 及以上进线保护的配置，应根据经评审后的二次接入系统设计确定。 (2) 35kV 进线应装设延时速断及电流保护，对有自备电源的客户也可采用阻抗保护。 (3) 10kV 进线装设速断或延时速断、过电流保护，对小电阻接地系统，宜装设零序保护。 3. 主变压器保护的配置原则 (1) 容量在 0.4MVA 及以上车间内油浸变压器和 0.8MVA 及以上油浸变压器，均应装设气体保护，其余非电量保护按照变压器厂家要求配置。 (2) 电压在 10kV 及以下或容量在 10kVA 及以下的变压器，采用电流速断保护和过电流保护分别作为变压器的主保护和后备保护。 (3) 电压在 10kV 以上及容量在 10kVA 及以上的变压器，采用纵差保护和过电流保护（或复压过电流）分别作为变压器的主保护和后备保护。对于电压为 10kV 的重要变压器，当电流速断保护灵敏度不符合要求时，也可采用纵差保护作为变压器主保护。 4. 继电保护和自动装置设计参考依据 继电保护和自动装置的设置应符合《电力装置的继电保护和自动装置设计规范》(GB/T 50062—2008)、《继电保护和安全自动装置技术规范》(GB/T 14285—2006) 的规定
工器具材料准备	学员桌椅、继电保护及自动化装置相关案例
学员准备及场地布置	(1) 学员独立完成。 (2) 教室
目标	掌握继电保护及自动化装置配置工作

二、实训考核评分标准

姓名			工作单位	供电公司		供电所		成绩	
考核时间			时间记录	开始时间	时　分	结束时间	时　分		
项目名称	继电保护及自动化装置								
考核任务	①继电保护配置的基本原则；②进线保护的配置原则；③主变压器保护的配置原则；④继电保护和自动装置设计参考依据								
项目		考核内容	考核要求		配分	评分标准		扣分	得分
继电保护及自动化配置	1.1	配置基本原则	掌握客户变电所电力设备装设继电保护装置的要求，了解主保护、后备保护、异常运行保护和辅助保护的区别，备用电源继电保护配置要求		25	每一处不符合要求，扣1分，扣完为止			
	1.2	进线保护的配置原则	掌握10kV进线、35kV进线、110kV及以上进线的进线保护配置要求		25	每一处不符合要求，扣1分，扣完为止			
	1.3	主变压器保护配置要求	掌握容量在0.4MVA及以上车间内油浸变压器和0.8MVA及以上油浸变压器、10kV及以下或容量在10MVA及以下的变压器、10kV以上及容量在10MVA及以上的变压器的保护配置要求		25	每一处不符合要求，扣1分，扣完为止			
	1.4	继电保护和自动装置设计参考依据	了解《电力装置的继电保护和自动装置设计规范》（GB/T 50062—2008）、《继电保护和安全自动装置技术规范》（GB/T 14285—2006）中涉及的相关知识要求		25	每一处不符合要求，扣1分，扣完为止			
考评员记事									

说明：（1）单项扣分以实际配分为限，超过部分（除安全外）不再扣负分。
（2）最终成绩评分为实际操作得分

考评员签字：
____年____月____日

任务三　谐波、电压波动及闪变的要求

一、实训任务书

项目名称	谐波、电压波动及闪变的要求
实训内容	课时：1学时。 内容：①产生谐波、电压波动及闪变的设备；②治理要求；③从供配电系统设计角度，降低电能质量影响的措施
基本要求	1. 产生谐波、电压波动及闪变的设备 （1）谐波源。谐波源指向公共电网注入谐波电流或在公共电网中产生谐波电压的电气设备。如电气机车、电弧炉、整流器、逆变器、变频器、相控的调速和调压装置、弧焊机、感应加热设备、气体放电灯以及有磁饱和现象的机电设备。 （2）非线性负荷。 1）换流和整流装置，包括电气化铁路、电车整流装置、动力蓄电池用的充电设备等；

续表

<table>
<tr><td>基本要求</td><td>2）冶金部门的轧钢机、感应炉和电弧炉；
3）电解槽和电解化工设备；
4）大容量电弧焊机；
5）大容量、高密度变频装置；
6）其他大容量冲击设备的非线性负荷。
2. 治理要求
（1）客户应委托有资质的专业机构出具非线性负荷设备接入电网的电能质量评估报告。
（2）按照“谁污染、谁治理”、“同步设计、同步施工、同步投运、同步达标”的原则，在供电方案中，明确客户治理电能质量污染的责任及技术方案要求。
（3）客户负荷注入公共电网连接点的谐波电压限值及谐波电流允许值应符合《电能质量 公用电网谐波》（GB/T 14549—1993）国家标准的限值。
（4）客户的冲击性负荷产生的电压波动允许值应符合《电能质量电压波动和闪变》（GB/T 12326—2008）国家标准的限值。
3. 从供配电系统设计角度，降低电能质量影响的措施
（1）降低波动负荷引起的电网电压波动和电压闪变时采取的措施。
1）采用专线供电；
2）与其他负荷共用配电线路时，降低配电线路阻抗；
3）较大功率的波动负荷或波动负荷群与对电压波动、闪变敏感的负荷，分别由不同的变压器供电；
4）对于大功率电弧炉的炉用变压器，由短路容量较大的电网供电；
5）采用动态无功补偿装置或动态电压调节装置。
（2）控制谐波引起的电网电压正弦波形畸变率采取的措施。
1）各类大功率非线性用电设备变压器，由短路容量较大的电网供电；
2）对大功率静止整流器，采用增加整流变压器二次侧的相数和整流器的整流脉冲数，或采用多台相数相同的整流装置，并使整流变压器的二次侧有适当的相角差，或按谐波次数装设分流滤波器；
3）选用 Dyn11 联结组别的三相配电变压器</td></tr>
<tr><td>学员准备及场地布置</td><td>项目实施场地：客户服务实训室</td></tr>
<tr><td>目标</td><td>熟练掌握供电方案制定过程中分辨产生谐波、电压波动及闪变的设备，同时掌握治理要求和措施</td></tr>
</table>

二、实训考核评分标准

<table>
<tr><td colspan="2">姓名</td><td></td><td>工作单位</td><td colspan="3">供电公司</td><td colspan="2">供电所</td><td rowspan="2">成绩</td><td></td></tr>
<tr><td colspan="2">考核时间</td><td></td><td>时间记录</td><td>开始时间</td><td>时　分</td><td>结束时间</td><td colspan="2">时　分</td><td></td></tr>
<tr><td colspan="2">项目名称</td><td colspan="9">谐波、电压波动及闪变的要求</td></tr>
<tr><td colspan="2">考核任务</td><td colspan="9">①产生谐波、电压波动及闪变的设备；②治理要求；③从供配电系统设计角度，降低电能质量影响的措施</td></tr>
<tr><td colspan="2">项目</td><td>考核内容</td><td colspan="2">考核要求</td><td>配分</td><td colspan="2">评分标准</td><td>扣分</td><td colspan="2">得分</td></tr>
<tr><td rowspan="2">产生谐波、电压波动及闪变的设备</td><td>1.1</td><td>谐波源</td><td colspan="2">电气机车、电弧炉、整流器、逆变器、变频器、相控的调速和调压装置、弧焊机、感应加热设备等</td><td>15</td><td colspan="2">每一处不符合要求，扣 3 分，扣完为止</td><td></td><td colspan="2"></td></tr>
<tr><td>1.2</td><td>非线性负荷</td><td colspan="2">①换流和整流装置，包括电气化铁路、电车整流装置、动力蓄电池用的充电设备等；②冶金部门的轧钢机、感应炉和电弧炉；③电解槽和电解化工设备；④大容量电弧焊机；⑤大容量、高密度变频装置；⑥其他大容量冲击设备的非线性负荷</td><td>15</td><td colspan="2">每一处不符合要求，扣 3 分，扣完为止</td><td></td><td colspan="2"></td></tr>
</table>

续表

项目		考核内容	考核要求	配分	评分标准	扣分	得分
勘查现场工作	2.1	提供评估报告	客户应委托有资质的专业机构出具非线性负荷设备接入电网的电能质量评估报告	10	不符合要求扣10分		
	2.2	明确治理责任和技术方案要求	按照“谁污染、谁治理”、“同步设计、同步施工、同步投运、同步达标”的原则，在供电方案中，明确客户治理电能质量污染的责任及技术方案要求	10	不符合要求扣10分		
	2.3	谐波应满足的标准	客户负荷注入公共电网连接点的谐波电压限值及谐波电流允许值应符合《电能质量公用电网谐波》（GB/T 14549—1993）国家标准的限值	10	不符合要求扣10分		
	2.4	电压波动的允许值	客户的冲击性负荷产生的电压波动允许值，应符合《电能质量电压波动和闪变》（GB/T 12326—2008）国家标准的限值	10	不符合要求扣10分		
现场勘查后期工作	3.1	降低电压波动和闪变的措施	①采用专线供电；②与其他负荷共用配电线路时，降低配电线路阻抗；③较大功率的波动负荷或波动负荷群与对电压波动、闪变敏感的负荷，分别由不同的变压器供电；④对于大功率电弧炉的炉用变压器，由短路容量较大的电网供电；⑤采用动态无功补偿装置或动态电压调节装置	15	每一处不符合要求，扣3分，扣完为止		
	3.2	控制谐波引起的电压波形畸变时采取的措施	①各类大功率非线性用电设备变压器，由短路容量较大的电网供电；②对大功率静止整流器，采用增加整流变压器二次侧的相数和整流器的整流脉冲数，或采用多台相数相同的整流装置，并使整流变压器的二次侧有适当的相角差，或按谐波次数装设分流滤波器；③选用Dyn11联结组别的三相配电变压器	15	每一处不符合要求，扣3分，扣完为止		
考评员记事							

说明：（1）单项扣分以实际配分为限，超过部分（除安全外）不再扣负分。

（2）最终成绩评分为实际操作得分

考评员签字：

____年____月____日

任务四　电能质量与无功补偿

一、实训任务书

项目名称	电能质量与无功补偿
实训内容	课时：2学时。 内容：①电能质量；②电压水平与无功补偿；③无功功率补偿的方法；④无功补偿的计算方法；⑤减小无功功率的方式；⑥提高无功电能的

续表

基本要求	1. 电能质量 从本质上讲，电能质量包括电压质量、电流质量和频率质量三个方面： （1）电压质量又称电压辐值质量，一般认为电压辐值质量主要受供电侧影响，用实际电压与理想电压间的广义偏差反映供电水平。 （2）电流质量主要受用户影响，电流质量问题一般就是指谐波影响供电质量的程度。 （3）频率质量一般就是指系统供电的同步频率不满足系统的额定偏差范围的规范，在电源较弱的地区，随着大容量的有功负荷的较快变化，系统频率会出现周期性或非周期性的偏移，目前的调频控制技术和发电管理已经能够较好地控制频率变动。此外，有学者指出电能质量还应包括非技术成分质量问题。 2. 电压水平与无功补偿 当输电线路或变压器传输功率时，电流将在线路或变压器阻抗上产生电压损耗，电压损耗由两部分组成，即有功功率在电阻上的压降和无功功率在电抗上的压降。在超高压电网的线路、变压器的等值电路中，电抗的数值比电阻大得多。所以无功功率对电压损耗的影响很大，而有功功率对电压损耗的影响则要小得多。因此，可以得出结论，在电力系统中，无功功率是造成电压损耗的主要因素。 3. 无功功率补偿的方法 无功功率补偿的方法很多，可采用电力电容器或采用具有容性负荷的装置进行补偿。 （1）可利用过励磁的同步电动机改善用电的功率因数，缺点是设备复杂，造价高，只适于在具有大功率拖动装置时采用。 （2）利用调相机做无功率电源，这种装置调整性能好，在电力系统故障情况下，也能维持系统电压水平，可提高电力系统运行的稳定性，但造价高，投资大，损耗也较高。每千乏无功的损耗约为1.8%～5.5%，运行维护技术较复杂，宜装设在电力系统的中枢变电所，一般用户很少应用。 （3）异步电动机同步化。这种方法有一定的效果，但自身的损耗大，每千乏无功功率的损耗约为4%～19%，一般都不采用。 （4）电力容器作为补偿装置，具有安装方便、建设周期短、造价低、运行维护简便、自身损耗小（每千乏无功功率损耗为0.3%～0.4%）等优点，是当前国内外广泛采用的补偿方法。这种方法的缺点是电力电容器使用寿命较短；无功出力与运行电压平方成正比，当电力系统运行电压降低，补偿效果降低，而运行电压升高时，对用电设备过补偿，使其端电压过分提高，甚至超出标准规定，容易损坏设备绝缘，造成设备故事，弥补这一缺点应采取相应措施以防止向电力系统倒送无功功率。 4. 无功补偿的计算方法 补偿电容器容量计算提高功率因数所需补偿电容器的无功功率的容量Q，可根据负载有功功率的大小，负载原有的功率因数$\cos\varphi_1$及提高后的功率因数$\cos\varphi$来决定，其计算方法如下。 设有功功率为P，无电容器补偿时的功率因数$\cos\varphi_1$，则由功率三角形可知，无电容器补偿时的感性无功功率为 $$Q = Q1 - Q = P\tan\varphi_1 - P\tan\varphi = P(\tan\varphi_1 - \tan\varphi)$$ 补偿电容器的容量计算如下 $Q=U^2/XC=U^2/1-\omega C=U^2\omega C$ 代入（式1），有 $U^2\omega C=P$（$\tan\varphi_1-\tan\varphi$），$C=P/\omega U^2$（$\tan\varphi_1-\tan\varphi$）
学员准备及场地布置	（1）学员自备一套工装。 （2）项目实施场地：客户服务实训室
目标	掌握供电方案中无功补偿的技能

二、实训考核评分标准

<table>
<tr><td>姓名</td><td></td><td>工作单位</td><td colspan="3">供电公司</td><td>供电所</td><td rowspan="2">成绩</td><td rowspan="2"></td></tr>
<tr><td>考核时间</td><td></td><td>时间记录</td><td>开始时间</td><td>时　分</td><td>结束时间</td><td>时　分</td></tr>
<tr><td>项目名称</td><td colspan="8">电能质量与无功补偿</td></tr>
<tr><td>考核任务</td><td colspan="8">①电能质量；②电压水平与无功补偿；③无功功率补偿的方法；④无功补偿的计算方法</td></tr>
</table>

续表

项目		考核内容	考核要求	配分	评分标准	扣分	得分
电能质量	1	电能质量的定义	了解电能质量的定义，电能质量包括哪些方面，有什么影响	10	每一处不符合要求扣 2 分，扣完为止		
电压质量	2	无功功率对电压质量的影响	了解电压损耗的组成及无功功率对电压质量的影响	10	每一处不符合要求扣 2 分，扣完为止		
无功补偿	3	无功补偿的方法	了解无功补偿的方法，分析其优缺点及适用范围	20	每一处不符合要求扣 2 分，扣完为止		
计算	4	无功补偿计算方法	掌握无功补偿的计算方法，功率及电容器容量的计算	60	每一处不符合要求扣 5 分，扣完为止		
考评员记事							

说明：（1）单项扣分以实际配分为限，超过部分（除安全外）不再扣负分。
（2）最终成绩评分为实际操作得分

考评员签字：
____年____月____日

实训情境三　工　程　设　计

任务一　线路设计图纠错

一、实训任务书

项目名称	线路设计图纠错
实训内容	课时：2 学时。 内容：①掌握线路部分设计审查原则；②掌握重要电力客户涉网线路部分设计审查重点；③将审查意见填入《客户受电工程设计审查意见单》
基本要求	（1）掌握线路部分设计审查原则。工程设计图纸线路部分设计审查原则：线路设计应满足 Q/GDW 156—2006《城市电力网规划设计导则》、DL/T 5220—2005《10kV 及以下架空配电线路设计技术规程》、GB 50217—2007《电力工程电缆设计规范》、GB 50053—2013《20kV 及以下变电所设计规范》等导则、规程、规范的要求。 （2）掌握重要电力客户涉网线路部分设计审查重点。 1）采用双路或多路电源供电时，电源线路宜采取不同方向或不同路径架设（敷设）。 2）各地区应结合实际情况应对严重自然灾害和恶劣运行环境的影响，审查时注意。 a. 对主干铁路和高等级公路等重要设施的跨越应采用独立耐张段； b. 逐步提高城市配电网电缆应用的比重，城市配电网的重要线路宜采用电缆； c. 通过覆冰地区的重要线路应采取防冰措施； d. 沿海、盐雾地区应采用耐腐蚀导、地线，土壤腐蚀严重地区应采用铜质材料接地网； e. 对处于易发生洪涝灾害地区的重要 35kV 变电所，可适当提高防洪标准或采取有效防洪措施。 （3）将审查意见填入《客户受电工程设计审查意见单》

续表

工器具材料准备	文具、桌椅、《工程设计文件资料》、《客户受电工程设计文件审查意见单》、档案袋
学员准备 及场地布置	（1）学员自备一套工装。 （2）项目实施场地：客户服务实训室
目标	熟练掌握线路部分设计审查原则及重要电力客户线路部分设计审查重点

二、实训考核评分标准

<table>
<tr><td colspan="2">姓名</td><td></td><td>工作单位</td><td colspan="2">供电公司</td><td>供电所</td><td rowspan="2">成绩</td><td rowspan="2"></td></tr>
<tr><td colspan="2">考核时间</td><td></td><td>时间记录</td><td>开始时间　时　分</td><td>结束时间</td><td>时　分</td></tr>
<tr><td colspan="2">项目名称</td><td colspan="7">重要客户工程设计文件资料线路设计图纠错</td></tr>
<tr><td colspan="2">考核任务</td><td colspan="7">①掌握线路部分设计审查的原则；②审查重要电力客户工程设计文件资料中的涉网线路部分是否符合相关规程规范的要求；③填写客户受电工程设计文件审查意见单</td></tr>
<tr><td colspan="2">项目</td><td>考核内容</td><td>考核要求</td><td>配分</td><td>评分标准</td><td>扣分</td><td colspan="2">得分</td></tr>
<tr><td rowspan="6">工程设计图纸审查纠错</td><td rowspan="4">1.1</td><td>线径规格</td><td>审查线径规格是否符合国家相关标准、电力行业标准，同时满足客户的用电需求</td><td>10</td><td>每一处不符合要求，扣5分，扣完为止</td><td></td><td colspan="2"></td></tr>
<tr><td>线路敷设（架设）方式</td><td>审查线路敷设（架设）方式是否符合国家相关标准、电力行业标准，是否经济、合理</td><td>10</td><td>每一处不符合要求，扣5分，扣完为止</td><td></td><td colspan="2"></td></tr>
<tr><td>线路安全距离</td><td>审查线路对地、对周边建筑物的安全距离是否符合国家相关标准、电力行业标准</td><td>10</td><td>每一处不符合要求，扣5分，扣完为止</td><td></td><td colspan="2"></td></tr>
<tr><td>线路自动化</td><td>审查线路自动化是否符合国家相关标准、电力行业标准</td><td>20</td><td>每一处不符合要求，扣10分，扣完为止</td><td></td><td colspan="2"></td></tr>
<tr><td>2.1</td><td>重要电力客户电源线路配置</td><td>重要电力客户电源线路配置化是否符合国家相关标准、电力行业标准</td><td>20</td><td>每一处不符合要求，扣10分，扣完为止</td><td></td><td colspan="2"></td></tr>
<tr><td>2.2</td><td>防范措施</td><td>结合各地区实际情况，应对严重自然灾害和恶劣运行环境下，涉网线路设计中是否采用有效的防范措施</td><td>10</td><td>每一处不符合要求，扣10分，扣完为止</td><td></td><td colspan="2"></td></tr>
<tr><td>审查结果</td><td>3.1</td><td>填写客户受电工程设计文件审查意见单</td><td>将审查意见填入《客户受电工程设计审查意见单》。要求语言描述清晰、用词准确、无概念性错误</td><td>20</td><td>每一处不符合要求，扣2分，扣完为止</td><td></td><td colspan="2"></td></tr>
<tr><td colspan="2">考评员记事</td><td colspan="7"></td></tr>
</table>

说明：（1）单项扣分以实际配分为限，超过部分（除安全外）不再扣负分。
（2）最终成绩评分为实际操作得分

考评员签字：
____年____月____日

三、相关表单

客户受电工程设计文件审查意见单

<table>
<tr><td>户号</td><td></td><td>申请编号</td><td></td><td rowspan="4">（档案标识二维码，系统自动生成）</td></tr>
<tr><td>户名</td><td colspan="3"></td></tr>
<tr><td>用电地址</td><td colspan="3"></td></tr>
<tr><td>联系人</td><td></td><td>联系电话</td><td></td></tr>
<tr><td colspan="5">审查意见（可附页）：

供电企业（盖章）：</td></tr>
<tr><td>客户经理</td><td colspan="2"></td><td>审图日期</td><td>年　月　日</td></tr>
<tr><td>主管</td><td colspan="2"></td><td>批准日期</td><td>年　月　日</td></tr>
<tr><td colspan="4">客户签收：</td><td>年　月　日</td></tr>
<tr><td>其他说明</td><td colspan="4">特别提醒：用户一旦发生变更，发生重新送审，否则供电企业将不予检验和接电</td></tr>
</table>

任务二　土建设计图纠错

一、实训任务书

<table>
<tr><td>项目名称</td><td>土建设计图纠错</td></tr>
<tr><td>实训内容</td><td>课时：2 学时。
内容：①掌握涉网土建部分是否符合有关规程、规范的要求；②掌握受电工程部分土建设计审查重点；③将审查意见填入《客户受电工程设计审查意见单》</td></tr>
<tr><td>基本要求</td><td>（1）掌握涉网土建部分设计审查重点。审查变电所、开关站、配电室等公用配电设施土建规模是否符合国网公司典型设计要求及供电方案要求；新建电力电缆通道需审查规划红线，同时审查新建电力通道符合典型设计要求，管网孔数与设计规范是否一致；审查管网断面图，已建电力通道管网具体情况，新敷设线路在已建电力通道管网的安装位置及是否满足电力防火技术规范要求。
（2）掌握受电工程部分土建设计审查重点。受电工程部分：客户内部土建工程、非涉网设备等不作为审查内容，重点审查客户配电室过电压保护和接地设计应符合 DL/T 620《交流电气装置的过电压保护和绝缘配合》和 DL/T 621《交流电气装置的接地》要求。
（3）将审查意见填入《客户受电工程设计审查意见单》</td></tr>
<tr><td>工器具材料准备</td><td>文具、桌椅、《工程设计文件资料》、《客户受电工程设计文件审查意见单》、档案袋</td></tr>
<tr><td>学员准备
及场地布置</td><td>（1）学员自备一套工装。
（2）项目实施场地：客户服务实训室</td></tr>
<tr><td>目标</td><td>熟练掌握土建部分设计审查重点</td></tr>
</table>

二、实训考核评分标准

<table>
<tr><td>姓名</td><td colspan="2"></td><td>工作单位</td><td colspan="2">供电公司</td><td colspan="2">供电所</td><td rowspan="2">成绩</td><td></td></tr>
<tr><td>考核时间</td><td colspan="2"></td><td>时间记录</td><td>开始时间</td><td>时　分</td><td>结束时间</td><td>时　分</td><td></td></tr>
<tr><td>项目名称</td><td colspan="9">重要客户工程设计文件资料线路土建设计图纠错</td></tr>
<tr><td>考核任务</td><td colspan="9">①审查涉网土建部分是否符合有关规程、规范的要求；②审查受电工程部分土建部分接地设计；③将审查意见填入《客户受电工程设计审查意见单》</td></tr>
<tr><td colspan="2">项目</td><td>考核内容</td><td colspan="2">考核要求</td><td>配分</td><td colspan="2">评分标准</td><td>扣分</td><td>得分</td></tr>
<tr><td rowspan="5">工程设计图纸审查纠错</td><td>1.1</td><td rowspan="4">涉及电网安全的隐蔽工程施工工艺审查</td><td colspan="2">审查变电所、开关站、配电室等公用配电设施土建规模是否符合典型设计要求及供电方案要求</td><td>15</td><td colspan="2">每一处不符合要求，扣5分，扣完为止</td><td rowspan="6"></td><td rowspan="6"></td></tr>
<tr><td>1.2</td><td colspan="2">审查新建电力电缆通道规划红线；同时审查新建电力通道是否符合典型设计要求，管网孔数与设计规范是否一致</td><td>15</td><td colspan="2">每一处不符合要求，扣5分，扣完为止</td></tr>
<tr><td>1.3</td><td colspan="2">审查管网断面图，已建电力通道管网具体情况，新敷设线路在已建电力通道管网的安装位置及是否满足电力防火技术规范要求</td><td>15</td><td colspan="2">每一处不符合要求，扣5分，扣完为止</td></tr>
<tr><td>1.4</td><td colspan="2">公用配电用房接地网设计，是否符合DL/T 620《交流电气装置的过电压保护和绝缘配合》和DL/T 621《交流电气装置的接地》要求</td><td>15</td><td colspan="2">每一处不符合要求，扣5分，扣完为止</td></tr>
<tr><td>2.1</td><td>受电工程部分土建设计审查</td><td colspan="2">客户配电室重点审查受电设备过电压保护和接地设计，是否符合DL/T 620《交流电气装置的过电压保护和绝缘配合》和DL/T 621《交流电气装置的接地》要求</td><td>15</td><td colspan="2">每一处不符合要求，扣5分，扣完为止</td></tr>
<tr><td>审查结果</td><td>3.1</td><td>填写客户受电工程设计文件审查意见单</td><td colspan="2">将审查意见填入《客户受电工程设计审查意见单》。要求语言描述清晰、用词准确、无概念性错误</td><td>25</td><td colspan="2">每一处不符合要求，扣5分，扣完为止</td></tr>
<tr><td>考评员记事</td><td colspan="9"></td></tr>
</table>

说明：(1) 单项扣分以实际配分为限，超过部分（除安全外）不再扣负分。
(2) 最终成绩评分为实际操作得分

考评员签字：
____年____月____日

三、客户受电工程设计文件审查意见单

客户受电工程设计文件审查意见单

95598

<table>
<tr><td>户号</td><td></td><td>申请编号</td><td></td><td rowspan="4">（档案标识二维码，系统自动生成）</td></tr>
<tr><td>户名</td><td colspan="3"></td></tr>
<tr><td>用电地址</td><td colspan="3"></td></tr>
<tr><td>联系人</td><td></td><td>联系电话</td><td></td></tr>
</table>

续表

<table>
<tr><td colspan="4">审查意见（可附页）：

供电企业（盖章）：</td></tr>
<tr><td>客户经理</td><td></td><td>审图日期</td><td>年　月　日</td></tr>
<tr><td>主管</td><td></td><td>批准日期</td><td>年　月　日</td></tr>
<tr><td colspan="3">客户签收：</td><td>年　月　日</td></tr>
<tr><td>其他说明</td><td colspan="3">特别提醒：用户一旦发生变更，发生重新送审，否则供电企业将不予检验和接电</td></tr>
</table>

实训情境四　工　程　建　设

任务一　重要客户中间检查

一、实训任务书

项目名称	重要客户中间检查
实训内容	课时：2 学时。 内容：①中间检查前准备；②现场检查；③资料归档
基本要求	1. 中间检查前准备 受理客户中间检查申请，引导客户填写《客户受电工程中间检查报验单》，收集整理客户提供的隐蔽工程施工记录及其他工程记录、技术资料；与客户预约检查时间，时限应满足要求，并通知相关部门人员按时参与现场检查。 进入 SG186 营销信息系统，按照要求填写相关信息并发送至下一环节。 2. 现场检查 （1）现场危险点辨识及预控。误碰带电设备触电；误入运行设备区域触电、客户生产危险区域；现场通道照明不足，基建工地易发生高空落物，碰伤、扎伤、摔伤等意外；现场安装设备与审核合格的设计图纸不符，私自改变接线方式或运行方式；根据相关要求做好现场危险点预控措施。 （2）现场检查。与电气安装质量相关的电缆管沟（井）、接地防雷装置、土建预留开孔、槽钢埋设、通风设施、安全距离和高度、隐蔽工程的施工工艺及材料选材等；接地装置的埋深、间距、防腐措施、焊接工艺、选用规格、接地标志等；电缆管井转弯半径、防火措施、接地设置、加固措施、沟槽防水等；变电站内槽钢预埋、一次和二次电缆孔洞预留等；设备位置离墙或其他建筑物的安全间距、设备基础高度、防火距离和防火墙、门窗和排风装置、场地平整等；对用户报验资料进行现场复核。 （3）整改及复验。对检查中发现的问题，以《客户受电工程中间检查意见单》的形式一次性通知客户整改。客户整改完成后，开展复验，复验合格后方可继续施工。 （4）完成系统流程。进入 SG186 营销信息系统完成中间检查流程。 3. 资料归档 按照一户一档的管理要求，将办理完毕的《受电工程缺陷整改通知单》、《受电工程中间检查结果通知单》及客户提供材料，统一装订成册，归类存放
工器具材料准备	桌椅一套、中间检查报验资料、《客户受电工程中间检查报验单》、《客户受电工程中间检查意见单》、带 SG186 营销信息系统计算机一台、档案袋
学员准备及场地布置	（1）学员自备一套工装。 （2）项目实施场地：客户服务实训室
目标	熟练掌握重要客户中间检查的工作事项

二、实训考核评分标准

姓名		工作单位	供电公司		供电所	成绩	
考核时间		时间记录	开始时间	时　分	结束时间　时　分		
项目名称	重要客户中间检查						
考核任务	①中间检查前准备；②现场检查；③资料归档						
项目		考核内容	考核要求	配分	评分标准	扣分	得分
中间检查前准备	1.1	受理中间检查	受理客户中间检查申请，引导客户填写《客户受电工程中间检查报验单》，收集整理客户提供的隐蔽工程施工记录及其他工程记录、技术资料	10	每一处不符合要求，扣5分，扣完为止		
	1.2	预约检查时间	与客户预约检查时间，时限应满足要求，并通知相关部门人员按时参与现场检查	10	每一处不符合要求，扣5分，扣完为止		
	1.3	SG186系统操作	进入SG186营销信息系统，正确操作流程	5	未完成不得分		
现场检查	2.1	现场危险点辨识及预控	误碰带电设备触电；误入运行设备区域触电、客户生产危险区域	5	未完成不得分		
	2.2		现场通道照明不足，基建工地易发生高空落物，碰伤、扎伤、摔伤等意外	5	未完成不得分		
	2.3		现场安装设备与审核合格的设计图纸不符，私自改变接线方式或运行方式	5	每一处不符合要求，扣5分，扣完为止		
	2.4	中间检查	与电气安装质量相关的电缆管沟(井)、接地防雷装置、土建预留开孔、槽钢埋设、通风设施、安全距离和高度、隐蔽工程的施工工艺及材料选材等	10	每一处不符合要求，扣5分，扣完为止		
	2.5		接地装置的埋深、间距、防腐措施、焊接工艺、选用规格、接地标志等	10	每一处不符合要求，扣5分，扣完为止		
	2.6		电缆管井转弯半径、防火措施、接地设置、加固措施、沟槽防水等	10	每一处不符合要求，扣5分，扣完为止		
	2.7		对用户报验资料进行现场复核	10	未完成不得分		
	2.8	整改及复验	对检查中发现的问题，以《客户受电工程中间检查意见单》的形式一次性通知客户整改，复验合格后方可继续施工	10	每一处不符合要求，扣5分，扣完为止		
	2.9	完成系统流程	进入SG186营销信息系统完成中间检查流程	5	未完成不得分		
资料归档	3.1	资料归档	一户一档存放，资料齐全	5	未完成不得分		
考评员记事							

说明：(1) 单项扣分以实际配分为限，超过部分（除安全外）不再扣负分。
(2) 最终成绩评分为实际操作得分

考评员签字：
____年____月____日

三、相关表单

1. 客户受电工程中间检查报验单

客户受电工程中间检查报验单

客户基本信息				（档案标识二维码，系统自动生成）
户号		申请编号		
户名				
用电地址				
联系人		联系电话		
报　验　信　息				
有关说明：				
意向接电时间	年　月　日			
供电企业填写	受理人：			
	受理日期：　　年　月　日（系统自动生成）			

2. 客户受电工程中间检查意见单

客户受电工程中间检查意见单

户号		申请编号		（档案标识二维码，系统自动生成）
户名				
用电地址				
联系人		联系电话		
现场检查意见（可附页）： 供电企业（盖章）：				
检查人		检查日期	年　月　日	
客户签收：			年　月　日	

任务二　竣　工　验　收

一、实训任务书

项目名称	竣　工　验　收
实训内容	课时：2 学时。 内容：①竣工验收前准备；②现场检查；③资料归档
基本要求	1. 竣工验收前准备 （1）受电工程竣工验收前，组织其生产、调度部门做好接电前新受电设施接入系统的准备和进线继电保护的整定、检验工作。 （2）受理客户竣工验收申请时，审核客户相关报送材料是否齐全有效，填写《客户受电工程竣工报验单》，并与客户预约验收时间，及时通知本单位参与工程验收的相关部门。 （3）进入 SG186 营销信息系统，按照要求填写相关信息并发送至下一环节。 2. 现场检查 （1）现场危险点辨识及预控。误碰带电设备触电；误入运行设备区域触电、客户生产危险区域；现场通道照明不足，基建工地易发生高空落物，碰伤、扎伤、摔伤等意外；现场安装设备与审核合格的设计图纸不符，私自改变接线方式或运行方式；根据相关要求做好现场危险点预控措施。 （2）竣工验收。针对客户受电工程中与电网系统直接连接的受电装置进行检查；对配置自备应急电源的客户工程，检验范围可延伸至自备应急电源及其投切装置、装置接地等。 （3）整改及复验。对检查中发现的问题，以《客户受电工程竣工检验意见单》的形式一次性通知客户整改。客户整改完成后，应报请供电企业复验。 （4）完成系统流程。进入 SG186 营销信息系统完成竣工验收流程。 3. 资料归档 按照一户一档的管理要求，将办理完毕的《客户受电工程竣工报验单》、《客户受电工程竣工检验意见单》及客户提供材料，统一装订成册，归类存放
工器具 材料准备	桌椅一套、中间检查报验资料、《客户受电工程竣工报验单》、《客户受电工程竣工检验意见单》、带 SG186 营销信息系统计算机一台、档案袋
学员准备 及场地布置	（1）学员自备一套工装。 （2）项目实施场地：客户服务实训室
目标	熟练掌握重要客户竣工验收的工作事项

二、实训考核评分标准

<table>
<tr><td colspan="2">姓名</td><td></td><td>工作单位</td><td colspan="2">供电公司</td><td>供电所</td><td rowspan="2">成绩</td><td rowspan="2"></td></tr>
<tr><td colspan="2">考核时间</td><td></td><td>时间记录</td><td>开始时间</td><td>时　分</td><td>结束时间 时　分</td></tr>
<tr><td colspan="2">项目名称</td><td colspan="7">竣工验收</td></tr>
<tr><td colspan="2">考核任务</td><td colspan="7">①竣工验收前准备；②现场检验；③资料归档</td></tr>
<tr><td colspan="2">项目</td><td>考核内容</td><td colspan="2">考核要求</td><td>配分</td><td>评分标准</td><td>扣分</td><td>得分</td></tr>
<tr><td rowspan="2">竣工验收前准备</td><td>1.1</td><td rowspan="2">受理竣工验收</td><td colspan="2">受理客户竣工验收申请时，审核客户相关报送材料是否齐全有效，填写《客户受电工程竣工报验单》</td><td>10</td><td>每一处不符合要求，扣 5 分，扣完为止</td><td></td><td></td></tr>
<tr><td>1.2</td><td colspan="2">组织生产、调度部门，做好接电前新受电设施接入系统的准备和进线继电保护的整定、检验工作</td><td>5</td><td>未完成不得分</td><td></td><td></td></tr>
</table>

续表

项目		考核内容	考核要求	配分	评分标准	扣分	得分
竣工验收前准备	1.3	预约检查时间	与客户预约检查时间，时限满足要求，并通知相关部门人员按时参与；受理客户竣工报验申请时，应与客户洽谈意向接电时间	5	每一处不符合要求，扣5分，扣完为止		
	1.4	SG186系统操作	进入SG186营销信息系统，正确操作流程	5	未完成不得分		
现场查验	2.1	现场危险点辨识及预控	误碰带电设备触电；误入运行设备区域触电、客户生产危险区域	5	未完成不得分		
	2.2		现场通道照明不足，基建工地易发生高空落物，碰伤、扎伤、摔伤等意外	5	未完成不得分		
	2.3		现场安装设备与审核合格的设计图纸不符，私自改变接线方式或运行方式	5	未完成不得分		
	2.4	竣工验收	电源接入方式、受电容量、电气主接线、运行方式、无功补偿、自备电源、计量配置、保护配置等是否符合供电方案	10	每一处不符合要求，扣5分，扣完为止		
	2.5		电气设备符合国家的政策法规，是否存在使用国家明令禁止的电气产品	10	每一处不符合要求，扣5分，扣完为止		
	2.6		试验项目齐全、结论合格	10	每一处不符合要求，扣5分，扣完为止		
	2.7		计量装置配置和接线符合计量规程要求	10	未完成不得分		
	2.8	整改及复验	对检查中发现的问题，以《客户受电工程竣工检验意见单》的形式一次性通知客户整改，复验合格后方可继续施工	10	每一处不符合要求，扣5分，扣完为止		
	2.9	完成系统流程	进入SG186营销信息系统完成中间检查流程	5	未完成不得分		
资料归档	3.1	规范入档	一户一档存放，资料齐全	5	未完成不得分		
考评员记事							

说明：(1) 单项扣分以实际配分为限，超过部分（除安全外）不再扣负分。

(2) 最终成绩评分为实际操作得分

考评员签字：

____年____月____日

三、相关表单

1. 客户受电工程竣工报验单

客户受电工程竣工报验单

客户基本信息				（档案标识二维码，系统自动生成）
户号		申请编号		
户名				
用电地址				
联系人		联系电话		
施工单位信息				
施工单位		施工资质		
联系人		联系电话		
报　验　信　息				
有关说明：				
意向接电时间	年　月　日			
我户受电工程已竣工，请予检查。 客户签名________				
供电企业填写	受理人：			
	受理日期：　　年　月　日（系统自动生成）			

2. 客户受电工程竣工检验意见单

客户受电工程竣工检验意见单

户号		申请编号		（档案标识二维码，系统自动生成）
户名				
用电地址				
联系人		联系电话		
资料检验		检验结果（合格打“√”，不合格填写不合具体内容）		
高压设备型式试验报告				
低压设备3C认证书				
值班人员名单及相应资格				
安全工器具清单及试验报告				
运行管理制度				

续表

现场检验意见（可附页）： 供电企业（盖章）：			
检验人		检验日期	年　月　日（系统自动生成）
客户签收：			年　月　日

实训情境五　送　电

任务一　供用电合同产权维护责任风险辨识与防范

一、实训任务书

项目名称	供用电合同产权维护责任风险辨识与防范
实训内容	课时：6学时。 内容：①审查供用电合同产权维护责任条款订立是否规范；②供用电合同修签；③供用电合同归档；④日常工作行为规范
基本要求	1. 审查供用电合同产权维护责任条款 （1）条款是否依法订立。产权维护责任条款订立，依据《供电营业规则》第四十七条和行业管理规定确立，不得随意撰写和变更。 （2）产权分界点描述与现场是否一致。依据《供电方案答复单》和客户受电装置竣工检验报告，核对《供用电合同》产权维护责任条款，确定文字描述地点与现场是否一致。 （3）供用电双方产权维护责任界定是否清晰。供用电双方运行维护管理责任界定准确。客户产权和使用权不对应时，分别说明权责关系，避免发生法律纠纷。 （4）产权分界点示意图与文字描述是否一致。产权维护责任条款文字内容与产权分界点示意图保持一致。若图中无法详细示意，文字描述中应加入“如二者不符，以文字为准”等内容。 （5）若条款审查不合格，填写业务工作单。 2. 供用电合同修签 不合格供用电合同发回重新修订，供电单位逐级审查合格后重新与客户协商签订。供用电合同修签订工作不超过送电环节整体时限要求。 3. 供用电合同归档 签署的供用电合同及时发送至业扩报装客户经理，组织受电工程接网送电。供用电合同及时归入客户档案。 4. 日常工作行为规范 供用电合同属重要法律文书，日常工作中保密客户信息，废弃草稿妥善销毁
工器具材料准备	桌椅、文具、《供电方案答复单》、客户受电装置竣工检验报告、待审《供用电合同》
学员准备 及场地布置	（1）学员独立完成。 （2）项目实施场地：客户服务实训室
目标	熟练掌握供用电合同产权维护责任风险辨识与防范工作内容

二、实训考核评分标准

姓名			工作单位	供电公司	供电所	成绩	
考核时间			时间记录	开始时间　时　分	结束时间　时　分		
项目名称		供用电合同产权维护责任风险辨识与防范					
考核任务		①审查供用电合同产权维护责任条款；②供用电合同修签；③供用电合同归档					
项目		考核内容	考核要求	配分	评分标准	扣分	得分
审查产权维护责任条款	1.1	依法订立	依据《供电营业规则》第四十七条和行业管理规定确立，不得随意撰写和变更	10	不符合要求不得分		
	1.2	产权分界点一致性	依据《供电方案答复单》和客户受电装置竣工检验报告，核对条款内容与现场是否一致	5	每一处不符合要求，扣 5 分，扣完为止		
	1.3	责任界定	供用电双方日常运行维护责任界定是否清晰、准确	20	每一处不符合要求，扣 2 分，扣完为止		
	1.4	图文一致	（1）文字描述与产权分界点示意图是否一致。 （2）图示不清晰，是否添加“如二者不符，以文字为准”内容				
	1.5	提出审核意见	书面提出审查意见，发送给营业部门修签供用电合同	10	不符合要求不得分		
合同修签	2.1	口述修签工作要求	（1）修改不合格条款内容。 （2）履行供用电合同内部逐级审签手续。 （3）供用电合同修签工作不超过送电环节 5 个工作日	10			
资料归档	3.1	口述归档工作流程	电费部门将确立的供用电合同及时传递给客户经理组织送电，客户经理将供用电合同归入客户档案	5			
行为规范	4.1	文明办公	客户信息保密，废弃草稿妥善销毁	5	不符合要求不得分		
考评员记事							

说明：（1）单项扣分以实际配分为限，超过部分（除安全外）不再扣负分。
（2）最终成绩评分为实际操作得分

考评员签字：

____年____月____日

三、审查意见函范本

工作联系函

市场便（2015）×××号

×××客服中心营业及电费部：

贵处送来的（客户名称）《供用电合同》（编号：××××××），经审核，发现第×条第×款第×点关于产权维护责任的条款描述与现场不符，应修改为“××××××”。请3个工作日内修签完成，并重新递送我部门备案，以便及时组织受电工程送电工作。谢谢合作！

市场及大客户服务室签章

××××年××月××日

任务二　拟定高压报装现场送电组织方案

一、实训任务书

项目名称	拟定高压报装现场组织方案
实训内容	课时：8学时。 内容：①收集资料；②落实送电人员；③拟定组织方案；④内部审查确定；⑤资料归档
基本要求	1. 收集资料 《供电方案答复单》、受电工程竣工检验报告 2. 落实送电人员 供电单位参加送电人员包括业扩报装客户经理、运检、调控、用电检查、计量、营业等部门人员，客户、施工单位及其他与送电工作有关的人员。 3. 拟定组织方案 （1）简述受电工程报装总体情况。具体为供电电压等级、供电电源点、供电线路、接线方式、用电容量、变压器、高压电机台数等。 （2）确定送电范围和时间。写明此次送电的线路、开关双编号，送电容量、变压器、高压电机，送电后运行方式。确定送电时间。 （3）明确人员分工及工作内容。客户经理负责资料把关和现场协调，调控人员负责按步骤实施送电方案，运检人员负责产权分界点电源侧的送电操作，客户和施工单位负责配合供电单位，操作产权分界点负荷侧电气设备，配合完成现场送电。计量人员负责检查送电后计量装置运转是否正常，营业人员负责抄录电能表指示数作为计费起端的依据，用电检查人员和客户共同负责工作现场安全。 （4）列出现场送电工作要求。包括现场安全措施、注意事项、应急处置方案等。 （5）现场送电的依据。如电气设备运行规程、各项技术规范、电气安全规程等。 4. 内部审查确定 初步拟定的现场送电组织方案经部门主管审查确定，印制并发放到送电人员。 5. 资料归档 现场送电组织方案应设置专门资料盒存放，建立索引和台账。废弃方案妥善销毁，不得随意丢弃。 6. 日常工作行为规范 供用电合同属重要法律文书，日常工作中保密客户信息，废弃草稿妥善销毁
工器具材料准备	桌椅、文具、《供电方案答复单》、客户受电装置竣工检验报告、高压报装现场送电组织方案范本
学员准备及场地布置	（1）学员独立完成。 （2）项目实施场地：客户服务实训室
目标	熟练掌握供用电合同产权维护责任风险辨识与防范工作内容

二、实训考核评分标准

<table>
<tr><td>姓名</td><td></td><td>工作单位</td><td colspan="3">供电公司</td><td colspan="2">供电所</td><td rowspan="2">成绩</td><td rowspan="2"></td></tr>
<tr><td>考核时间</td><td></td><td>时间记录</td><td>开始时间</td><td>时　分</td><td>结束时间</td><td colspan="2">时　分</td></tr>
<tr><td>项目名称</td><td colspan="9">拟定高压报装现场组织方案</td></tr>
<tr><td>考核任务</td><td colspan="9">①收集资料；②落实送电人员；③拟定组织方案；④内部审查确定；⑤资料归档</td></tr>
</table>

续表

项目		考核内容	考核要求	配分	评分标准	扣分	得分
收集资料	1.1	收集资料	收集资料是否齐全，是否影响组织方案制定	5	不符合要求不得分		
落实人员	2.1	确定协同人员	列出供用电双方参与现场送电工作部门及人员名单	5	不符合要求不得分		
拟定组织方案	3.1	简述报装总体情况	报装总体情况叙述完整，容量、供电电源、变压器台数等关键信息描述准确	20	每一处不符合要求，扣3分，扣完为止		
	3.2	确定送电范围和时间	送电范围、送电时间标注是否清楚	20	每一处不符合要求，扣10分，扣完为止		
	3.3	人员分工工作内容	人员分工合理，工作职责清晰，工作任务具体，便于操作	15	每一处不符合要求，扣5分，扣完为止		
	3.4	现场送电工作要求	所列工作要求具体，与送电现场结合紧密	10	每一处不符合要求，扣3分，扣完为止		
	3.5	现场送电依据	列出送电所需技术规范	10	每一处不符合要求，扣2分，扣完为止		
内部审查	4.1	审查确定	是否履行内部审查手续	10	不符合要求不得分		
资料归档	5.1	资料归档	口述资料归档有关要求	5	不符合要求不得分		
考评员记事							

说明：（1）单项扣分以实际配分为限，超过部分（除安全外）不再扣负分。
（2）最终成绩评分为实际操作得分

考评员签字：
____年____月____日

三、高压报装现场送电组织方案范本

××××××高压报装项目现场送电组织方案

一、项目报装情况简介

供电电压等级：10kV；

供电电源点：110kV 东区变电站；

供电线路：110kV 东区变电站 10kV 东 12 东农线；

接线方式：全程架空；

用电容量、变压器、高压电机台数：总用电容量 10000kVA（50000kVA×2），高压电机无；

二、送电范围和送电时间

送电范围：本次送电范围为 110kV 东区变电站 10kV 东 12 间隔至用户 10kV 受电侧（含东 12 开关和用户受电侧农 05 开关）；用户 1＃变压器 5000kVA、2＃变压器 5000kVA，合计送电容量 10000kVA；

送电时间：××××年××月××日。

运行方式：并列运行。

三、职责与分工

1. 成立现场送电领导小组

组长：陈××

成员：郭×张××熊××邓××韩××

领导小组主要职责：协调、决策本工程送电过程中的重大事宜。

2. 领导小组下设三个专业组

（1）送电工作组

组长：熊××

成员：（供电公司调控部门）徐××（供电公司运检部门）罗××（客户和受电工程施工人员）向××、张××

主要负责执行送电方案，保证受电设备顺利接入电网运行。

（2）现场安全组

组长：张××

成员：（供电公司用电检查部门）李××（客户和受电工程施工人员）王××

主要负责现场安全措施落实和安全保证工作。

（3）营销工作组

组长：郭×

成员：（供电公司市场部门）韩××、（供电公司计量部门）汪××、（供电公司营业部门）高××、（供电公司运检部门）杜××、（客户和受电工程施工人员）凡×

主要负责送电资料把关，送电后计量装置检验、电能表底度抄录与确认，电压质量检查及相序核对工作。

四、现场工作要求

1. 现场人员身体状况、精神状态必须良好。人员进入工作现场，必须戴好安全帽，按规定着装；

2. 登高工作人员，必须系好安全带、挂好保护绳，严禁将安全带挂在不安全的地方，同时做好防止物件坠落措施；

3. 恶劣天气（如雷雨、大风等）不得进行高空作业；

4. 现场人员应明确工作范围，不得随意触动、操作、攀登带电设备，误入带电区域；

5. 送电人员应严格按照送电方案步骤实施送电；

6. 送电人员按照现场送电作业规范操作，根据送电结果填写《新装（增容）送电单》、《电能计量装接单》，供用电双方签字确认；

7. 现场送电召开班前、班后会，明确现场工作事项，总结送电工作，并做好记录；

8. 现场送电时，客户和施工单位应全程引导供电部门送电工作人员避开危险点，配合和解答有关疑问；

9. 送电过程中发现缺陷及问题，应立即停止送电操作，问题整改合格后方可送电。

五、送电依据

Q/GDW 1799.1—2013《国家电网公司电力安全工作规程（变电部分）》、Q/GDW 1799.2—2013《国家电网公司电力安全工作规程（线路部分）》、《国家电网公司电力安全工作规程（配电部分）》、DL/T 572—2010《电力变压器运行规程》、SD292—88《架空配电线路及设备运行规程》、DL/T 1253—2013《电力电缆线路运行规程》、DL/T 587—2007《微机继电保护装置运行管理规程》、DL/T 448—2000《电能计量装置技术管理规程》等相关技术规范。

六、送电工作安排

初步定于××××年××月××日组织送电。××月××日9：00在××公司机关大院集中乘车。

附件：××××××高压报装项目送电方案。

××××年××月××日

任务三　现场送电危险点辨识与预控——误入带电间隔

一、实训任务书

项目名称	现场送电危险点辨识与预控—误入带电间隔
实训内容	课时：8学时。 内容：①辨识现场危险点；②制定预控措施；③现场工作规范
基本要求	1. 根据已知条件，辨识危险点 （1）按照安全工作管理规定，现场工作前，应召开班前会，宣布现场送电组织方案，熟悉现场人员应明确告知危险点分布和安全措施布置情况。 （2）组织开展现场安全检查，带电和不带电设备是否有效隔离、电气设备双编号标识是否清晰、操作通道是否满足安全条件、安全工器具是否合格。 （3）现场组织工作紧张有序，人员职责分工明确。 2. 制定预控措施 （1）严格执行班前会制度，班前会不流于形式。 （2）送电操作前，认真核对电气设备双编号，不误入带电间隔，不清楚及时询问客户或施工方人员。 （3）制定正确有效的现场组织方案。 3. 现场工作规范 （1）现场工作人员“三穿一戴”，身体和精神状况良好。 （2）严格执行“两票一单”，履行工作许可和工作监护制度，不得单独进行操作
工器具材料准备	桌椅、文具、危险点辨识案例、答题纸
学员准备及场地布置	（1）学员独立完成。 （2）学员自备现场工作服一套。 （3）项目实施场地：客户服务实训室
目标	熟练掌握送电现场误入带电间隔危险点辨识及预控措施制定

二、实训考核评分标准

姓名			工作单位	供电公司		供电所		成绩	
考核时间			时间记录	开始时间	时　分	结束时间	时　分		
项目名称	现场送电危险点辨识—误入带电间隔								
考核任务	①辨识现场危险点；②制定预控措施								
项目		考核内容	考核要求		配分	评分标准		扣分	得分
辨识危险点	1.1	找出案例中的危险点	（1）是否召开班前会。 （2）是否开展送电前安全检查。 （3）操作前是否认真核对电气设备双编号。 （4）是否按照规定通道进入现场工作		40	每一处不符合要求，扣10分，扣完为止			
制定措施	2.1	制定预控措施	（1）召开班前会。 （2）认真核对设备双编号。 （3）制定有效的组织方案		40	每一处不符合要求，扣15分，扣完为止			
工作规范	3.1	遵守现场工作规范	（1）严格“三穿一戴”。 （2）严格“两票一单”，杜绝未经许可作业和单独作业		20	每一处不符合要求，扣10分，扣完为止			

续表

考评员记事	

说明：(1) 单项扣分以实际配分为限，超过部分（除安全外）不再扣负分。
(2) 最终成绩评分为实际操作得分

考评员签字：
____年____月____日

任务四　现场送电危险点辨识与预控——擅自操作客户设备

一、实训任务书

项目名称	现场送电危险点辨识与预控—擅自操作客户设备
实训内容	课时：8学时。 内容：①辨识现场危险点；②制定预控措施；③现场工作规范
基本要求	1. 根据已知条件，辨识危险点 (1) 按照安全工作管理规定，现场工作前，应召开班前会，宣布现场送电组织方案，熟悉现场人员应明确告知危险点分布和安全措施布置情况。 (2) 严格遵守现场安全操作规范，按照产权分界维护责任划分，供电单位人员不得擅自操作客户电气设备。 (3) 现场组织工作紧张有序，人员职责分工明确。 2. 制定预控措施 (1) 严格执行班前会制度，班前会不流于形式。 (2) 客户经理在制定现场送电组织方案时，应明确产权维护责任范围内各自设备。 (3) 提前熟悉现场设备，开展现场安全检查时，强调各自工作范围。 3. 现场工作规范 (1) 现场工作人员“三穿一戴”，身体和精神状况良好。 (2) 严格执行“两票一单”，履行工作许可和工作监护制度，不得单独进行操作
工器具材料准备	桌椅、文具、危险点辨识案例、答题纸
学员准备及场地布置	(1) 学员独立完成。 (2) 学员自备现场工作服一套。 (3) 项目实施场地：客户服务实训室
目标	熟练掌握送电现场擅自操作客户设备危险点辨识及预控措施制定

二、实训考核评分标准

姓名			工作单位	供电公司		供电所		成绩	
考核时间			时间记录	开始时间	时　分	结束时间	时　分		
项目名称	现场送电危险点辨识—擅自操作客户设备								
考核任务	①辨识现场危险点；②制定预控措施								
项目		考核内容	考核要求			配分	评分标准	扣分	得分
辨识危险点	1.1	找出案例中的危险点	(1) 是否召开班前会。 (2) 是否明确产权责任划分。 (3) 是否遵守现场安全工作规程要求			40	每一处不符合要求，扣15分，扣完为止		

续表

项目		考核内容	考核要求	配分	评分标准	扣分	得分
制定措施	2.1	制定预控措施	（1）召开班前会。 （2）明确责任范围，提前熟悉现场设备。 （3）制定有效的组织方案，强调不得擅自操作客户设备	40	每一处不符合要求，扣15分，扣完为止		
工作规范	3.1	遵守现场工作规范	（1）严格“三穿一戴”。 （2）严格“两票一单”，杜绝未经许可作业和单独作业	20	每一处不符合要求，扣10分，扣完为止		
考评员记事							

说明：（1）单项扣分以实际配分为限，超过部分（除安全外）不再扣负分。
（2）最终成绩评分为实际操作得分

考评员签字：
____年____月____日

实训情境六　业扩报装服务规范与技巧

任务一　现场服务规范与沟通技巧

一、实训任务书

项目名称	客户经理现场服务规范与沟通技巧
实训内容	课时：4学时。 内容：①基本服务规范；②现场服务内容；③服务语言规范；④现场服务纪律
基本要求	1. 基本服务规范 （1）统一着装，挂牌上岗。 （2）仪容仪表大方得体。 （3）行为举止自然、文雅、端庄，精神饱满。 （4）使用普通话服务，并按标准的服务用语应答。 2. 现场服务内容 （1）供电方案答复。业务受理、现场勘查、确定供电方案、供电方案答复。 （2）工程设计。工程设计、设计图纸审核、业务收费。 （3）工程建设。客户工程施工、电网配套工程建设、中间检查、竣工验收、计量配置与安装、停送电计划制订。 （4）送电。供用电合同、调度协议签订、送电、资料归档。 3. 服务语言规范 （1）礼貌用语。语言表达准确简洁，语音语调亲切诚恳，说话时要保持微笑。 （2）服务规范用语。能根据不同的服务情境准确规范使用服务用语。 4. 现场服务纪律 （1）对客户的受电工程不指定设计单位，不指定施工队伍，不指定设备材料采购。 （2）到客户现场服务前，有必要且有条件的，应与客户预约时间，讲明工作内容和工作地点，请客户予以配合。 （3）进入客户现场时，应主动出示工作证件，并进行自我介绍。进入居民室内时，应先按门铃或轻轻敲门，主动出示工作证件，征得同意后，穿上鞋套，方可入内。

续表

基本要求	（4）到客户现场工作时，应遵守客户内部有关规章制度，尊重客户的风俗习惯。 （5）到客户现场工作时，应携带必备的工具和材料。工具、材料应摆放有序，严禁乱堆乱放。 （6）如在工作中损坏了客户原有设施，应尽量恢复原状或等价赔偿。 （7）在公共场所施工，应有安全措施，悬挂施工单位标志、安全标志，并配有礼貌用语。在道路两旁施工时，应在恰当位置摆放醒目的告示牌。 （8）现场工作结束后，应立即清扫，不能留有废料和污迹，做到设备、场地清洁。同时应向客户交待有关注意事项，并主动征求客户意见。 （9）原则上不在客户处住宿、就餐，如因特殊情况确需在客户处住宿、就餐的，应按价付费
工器具材料准备	咨询引导区、业务受理区、缴费区、自助服务区、客户休息区等
学员准备及场地布置	（1）学员自备一套工装。 （2）四名学员组成一个任务小组。 （3）项目实施场地：客户服务实训室
目标	熟练掌握与客户交流时的沟通技巧与应急处理技能

二、实训考核评分标准

姓名			工作单位	供电公司		供电所	成绩	
考核时间			时间记录	开始时间	时 分	结束时间	时 分	
项目名称	客户经理现场服务规范							
工作任务	①基本服务规范；②现场服务内容；③服务语言规范；④现场服务纪律							

项目		考核内容	考核要求	配分	评分标准	扣分	得分
基本规范	1.1	基本服务规范	（1）统一着装，挂牌上岗。 （2）仪容仪表大方得体。 （3）行为举止自然、文雅、端庄，精神饱满。 （4）使用普通话服务。 （5）按标准的服务用语应答	5	每一处不符合要求，扣1分，扣完为止		
现场服务内容	2.1	供电方案答复	能准确回答业务受理、现场勘查、确定供电方案、供电方案答复相关服务内容	10	每一处不符合要求，扣1分，扣完为止		
	2.2	工程设计	能准确回答工程设计、设计图纸审核、业务收费相关服务内容	10	每一处不符合要求，扣1分，扣完为止		
	2.3	工程建设	能准确回答客户工程施工、电网配套工程建设、中间检查、竣工验收、计量配置与安装、停送电计划制订相关服务内容	10	每一处不符合要求，扣1分，扣完为止		
	2.4	送电	能准确回答供用电合同、调度协议签订、送电、资料归档相关服务内容	10	每一处不符合要求，扣1分，扣完为止		
语言规范	3.1	礼貌用语	（1）语言表达准确简洁。 （2）语音语调亲切诚恳。 （3）说话时要保持微笑	10	每一处不符合要求，扣2分，扣完为止		
	3.2	服务规范用语	能根据不同的服务情境准确规范使用服务用语	15	每一处不符合要求，扣1分，扣完为止		

续表

项目		考核内容	考核要求	配分	评分标准	扣分	得分
现场服务纪律	4.1	现场服务行为规范	（1）准确回答“三不指定”的内容。 （2）到客户现场服务前，有必要且有条件的，应与客户预约时间，讲明工作内容和工作地点，请客户予以配合。 （3）进入客户现场时，应主动出示工作证件，并进行自我介绍。进入居民室内时，应先按门铃或轻轻敲门，主动出示工作证件，征得同意后，穿上鞋套，方可入内。 （4）到客户现场工作时，应遵守客户内部有关规章制度，尊重客户的风俗习惯。 （5）到客户现场工作时，应携带必备的工具和材料。工具、材料应摆放有序，严禁乱堆乱放。 （6）如在工作中损坏了客户原有设施，应尽量恢复原状或等价赔偿。 （7）在公共场所施工，应有安全措施，悬挂施工单位标志、安全标志，并配有礼貌用语。在道路两旁施工时，应在恰当位置摆放醒目的告示牌。 （8）现场工作结束后，应立即清扫，不能留有废料和污迹，做到设备、场地清洁。同时应向客户交待有关注意事项，并主动征求客户意见。 （9）原则上不在客户处住宿、就餐，如因特殊情况确需在客户处住宿、就餐的，应按价付费	30	每一处不符合要求，扣 3 分，扣完为止		
考评员记事							

说明：（1）单项扣分以实际配分为限，超过部分（除安全外）不再扣负分。

（2）最终成绩评分为实际操作得分

考评员签字：

____年____月____日

附　　录

附录 A

低压供用电合同

合同编号：1000××××32

供 电 人：国网××省电力公司××供电公司客户服务中心

用 电 人：美佳乐超市

签订日期：2015 年 3 月 28 日

签订地点：××省××市

目　　录

为确定供电人和用电人在电力供应与使用中的权利和义务，安全、经济、合理、有序地供电和用电，根据《合同法》、《国电力法》、《电力监管条例》、《电力供应与使用条例》、《供电监管办法》、《供电营业规则》等有关规定，双方经协商一致，订立本合同。

1. 用电地址、用电性质和用电容量

1.1 用电地址：__××省××市祥和路76号__。

1.2 用电性质

(1) 行业分类：__综合零售__。

(2) 用电分类：__一般工商业及其他（商业）__。

1.3 合同约定容量为__30__kVA，该容量为用电人最大用电容量。

2. 供电方式

2.1 供电人向用电人提供380V交流50Hz电源，经以下变压器向用电人供电：__10kV祥23祥南线7号__公用变压器。

供电人在不影响用电人正常用电的情况下，有权自行调整供电方式。

2.2 因电网意外断电影响安全生产的，用电人应自行采取电或非电保安措施。用电人若有保安负荷时，应自备应急电源，并装设可靠的闭锁装置，防止向电网倒送电。

(1) 用电人自备发电机__/__kVA，闭锁方式为__/__。

(2) 不间断电源（UPS）__/__kVA。

3. 产权分界点及责任划分

供用电设施产权分界点为：__10kV祥23祥南线7号公用变压器用户端最后支持物向用电方侧延伸200mm处__（见本合同附件2）。

供用电设施产权分界点以文字和《供电接线及产权分界示意图》（附件2）表述，如二者不一致，以本条文字描述为准。

本条约定的分界点电源侧产权属供电人，分界点负荷侧产权属用电人。双方各自承担其产权范围内供用电设施的运行维护管理责任，并承担各自产权范围内供用电设施上发生事故等引起的法律责任。

4. 用电计量

4.1 按照规定，每一受电点内按不同电价类别分别安装电能计量装置，其记录作为向用电人计算电费的依据。

计量点：计量装置装设在__7号公用变压器下户线至用户墙面__处，为总表，记录数据作为用电人__一般工商业及其他__类别用电量的计量依据。

以上方式及核定值双方每年至少可以提出重新核定一次，对方不得拒绝。重新核定后，从下一个抄表周期开始，按重新核定的比例和定量确定各类电价的用电量。

4.2 各计量点计量装置配置。

计量点	计量设备名称	计算倍率	备注（总分表关系）
计量计费点	DT862三相四线电能表10（60）A	1	主表

5. 电价及电费结算

5.1 电价按照政府主管部门批准的电价执行，根据调价政策规定进行调整。

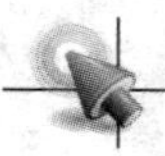

根据国家《功率因数调整电费办法》的规定，功率因数调整电费的考核标准为 / ，相关电费计算按规定执行。

5.2 抄表周期为 日历月 ，抄表例日为 每月 15 号 。供电人可以单方调整抄表周期和抄表例日，但须通知用电人。

5.3 抄表方式：采用用电信息采集装置方式抄录。

采用用电信息采集装置抄表的，其自动抄录的数据作为电度电费结算依据，当装置故障时，依人工抄录数据为准。

5.4 电费按抄表周期结算，支付方式为 银行代扣 ，用电人应在当月 22 日前结清全部电费。

5.5 用电人将用电地址内的房屋、场地出租、出借或以其他方式给他人使用的，用电人仍需承担交纳电费的义务。

5.6 若遇电费争议，用电人应先按结算电费金额按时足额交付电费，待争议解决后，双方据实退、补。

6. 计量失准及异议处理规则

6.1 一方认为用电计量装置失准，有权提出校验请求，对方不得拒绝。校验应由有资质的计量检定机构实施。如校验结论为合格，检测费用由提出请求方承担；如不合格，由表计提供方承担，但能证明因对方使用、管理不善的除外。

用电人在申请验表期间，其电费仍应按期交纳，验表结果确认后，再行退、补电费。

6.2 计量失准时，计费差额电量按下列方式确定：

（1）互感器或电能表误差超出允许范围时，以“0”误差为基准，按验证后的误差值确定计费差额电量。上述超差时间从上次校验或换装后投运之日至误差更正之日的1/2 时间计算。

（2）其他非人为原因致使计量记录不准时，以用电人上年度或正常月份用电量的平均值为基准，确定计费差额电量，计算退、补电量的时间按导致失准时间至误差更正之日的差值确定。

发生以上情形，退、补电量未确定之前，用电人先按抄见电量如期交纳电费，误差确定后，再行退补。

6.3 以下原因导致的电能计量或计算出现差错时，计费差额电量按下列方式确定。

（1）计费计量装置接线错误的，以其实际记录的电量为基数，按正确与错误接线的差额率退、补电量，计算退、补电量的时间从上次校验或换装投运之日至接线错误更正之日。

（2）计算电量的计费倍率与实际倍率不符的，以实际倍率为基准，按正确与错误倍率的差值确定计费差额电量，计算退、补电量的时间以发生时间为准确定。

发生以上情形，退、补电量未确定之前，用电人先按抄见电量如期交纳电费，误差确定后，再行退补。

6.4 抄表记录、用电信息采集系统、表内留存的信息作为双方处理有关计量争议的依据。

6.5 按确定的退补电量和误差期间的电价标准计算退、补电费。

7. 供电质量

在电力系统处于正常运行状况下，供到用电人受电点的电能质量应符合国家规定的标准。

8. 连续供电

8.1 在发供电系统正常情况下，供电人连续向用电人供电。

8.2 发生如下情形之一的，供电人可中止供电：

（1）供电设施计划或临时检修的。

（2）用电人危害供用电安全，扰乱供用电秩序，拒绝检查的。

（3）用电人逾期未交电费，经供电人催交仍未交付的。

（4）用电人受电装置经检验不合格，在指定期间未改善的。

（5）用电人注入电网的谐波电流超过标准，以及冲击负荷、非对称负荷等对电网电能质量产生干扰和妨碍，严重影响、威胁电网安全，拒不按期采取有效措施进行治理改善的。

（6）用电人拒不在限期内拆除私增用电容量的。

（7）用电人拒不在限期内交付违约用电引起的费用的。

（8）用电人违反安全用电、有序用电有关规定，拒不改正的。

（9）发生不可抗力或紧急避险的。

（10）用电人实施本合同第 13 条行为的。

（11）用电人装有预购电装置、限流开关、负荷控制装置的，在预购电量使用完毕、用户超容量用电或超负荷用电时自动停电的。

（12）供电人执行政府机关或授权机构依法做出的停电指令的。

（13）因电力供需紧张等原因需要停电、限电的。

（14）法律、法规和规章规定的其他情形。

9. 中止供电程序

9.1 因故需要中止供电的，按如下程序进行。

（1）供电设施计划检修需要中止供电的，供电人应当提前 7 日公告停电区域、停电线路、停电时间，并通知重要电力用户等级的用电人。

（2）供电设施临时检修需要中止供电的，供电企业应当提前 24h 公告停电区域、停电线路、停电时间，并通知重要电力用户等级的用电人。

9.2 发生以下情形之一的，供电人可当即中止供电。

（1）发生不可抗力或紧急避险；

（2）用电人实施本合同第 13.6 条至第 13.11 条行为的。

9.3 因执行政府机关或授权机构依法做出的停电指令而中止供电的，供电人应按照指令的要求中止供电。

9.4 除以上中止供电情形外，需对用电人中止供电时，按如下程序进行。

（1）停电前三至七天内，将停电通知书送达用电人，对重要电力用户的停电，同时将停电通知书报送同级电力管理部门；

（2）停电前30min，将停电时间再通知用电人一次。

9.5引起中止供电或限电的原因消除后，供电人应在三日内恢复供电。不能在三日内恢复供电的，应向用电人说明原因。

10. 配合事项

10.1供电人为用电人交费和查询电价、电费、用电量、电能表示数提供方便。

10.2为保障电网安全或因发电、供电系统发生故障以及根据本合同约定，需要停电、限电时，用电人应予以配合。

10.3供电人依法进行的用电检查或抄表，用电人应提供方便并予以配合，根据检查内容提供相应资料。

10.4用电计量装置的安装、移动、更换、校验、拆除、加封、启封由供电人负责，用电人应提供必要的方便和配合；安装在用电人处的用电计量装置由用电人妥善保管，如有异常，应及时通知供电人。

11. 质量共担

用电人用电时的功率因数和谐波源负荷、冲击负荷、非对称负荷等产生的干扰与影响应符合国家标准。如用电人行为影响电网供电质量，威胁电网安全，供电人有权要求用电人限期整改，并在必要时采取有效措施解除对电网安全的上述威胁，用电人应给予充分必要的配合。

12. 供电人不得实施的行为

12.1故意使用电计量装置计量错误。

12.2随电费收取其他不合理费用。

13. 用电人不得实施的行为

13.1在电价低的供电线路上，擅自接用电价高的用电设备或私自改变用电类别。

13.2私自超过合同约定容量用电。

13.3擅自使用已在供电人处办理暂停手续的电力设备或启用已封存电力设备。

13.4私自迁移、更动和擅自操作供电人的用电计量装置。

13.5擅自引入（供出）电源或将自备应急电源和其他电源并网。

13.6在供电人的供电设施上，擅自接线用电。

13.7绕越供电人用电计量装置用电。

13.8伪造或者开启供电人加封的用电计量装置封印用电。

13.9损坏供电人用电计量装置。

13.10使供电人用电计量装置失准或者失效。

13.11采取其他方法导致不计量或少计量。

14. 供电人的违约责任

14.1供电人违反本合同约定，应当按照国家、电力行业标准或本合同约定予以改正，继续履行。

14.2供电人违反本合同电能质量义务给用电人造成损失的，应赔偿用电人实际损失，最高赔偿限额为用电人在电能质量不合格的时间段内实际用电量和对应时段的平均电价乘积的20%。但因用电人原因导致供电人未能履行电能质量保证义务的，则对用电人的该部分损失，供电人不承担赔偿责任。

14.3 供电人违反本合同约定实施停电给用电人造成损失的，应赔偿用电人实际损失，最高赔偿限额为用电人在停电时间内可能用电量（该用电量的计算参照）电度电费的 5 倍。

前款所称的可能用电量，按照停电前用电人在上月与停电时间对等的同一时间段的平均用电量乘以停电小时求得。

14.4 供电人未履行抢修义务而导致用电人损失扩大的，对扩大损失部分按本条第 3 款的原则给予赔偿。

14.5 供电人随电费收取其他不合理费用，造成用电人损失的，应退还用电人有关费用。

14.6 有如下情形之一的，供电人不承担违约责任。

（1）符合本合同第八条约定的连续供电的除外情形且供电人已履行必经程序。

（2）电力运行事故引起开关跳闸，经自动重合闸装置重合成功。

（3）多电源供电只停其中一路，其他电源仍可满足用电人用电需要的。

（4）用电人未按合同约定安装自备应急电源或采取非电保安措施，或者对自备应急电源和非电保安措施维护管理不当，导致损失扩大部分。

（5）因用电人的过错行为所导致。

（6）不可抗力。

（7）法律、法规和规章规定的其他免责情形。

15. 用电人的违约责任

15.1 用电人违反本合同约定义务，应当按照国家、电力行业标准或本合同约定予以改正，并继续履行。用电人违约行为危及供电安全时，供电人可要求用电人立即改正，用电人拒不改正时，供电人可采用操作用电人设施等方式直接代替用电人改正，相关费用和损失由用电人承担。

15.2 由于用电人责任造成供电人对外供电停止，应当按供电人少供电量乘以上月份平均售电单价给予赔偿；其中，少供电量为停电时间上月份每小时平均供电量乘以停电小时。停电时间不足 1h 的按 1h 计算，超过 1h 的按实际停电时间计算。

15.3 因用电人过错给供电人或者其他用户造成财产损失的，用电人应当依法承担赔偿责任。本款责任不因 15.4 条责任而免除。

15.4 用电人有以下违约行为，应按合同约定向供电人支付违约金。

（1）用电人违反本合同约定逾期交付电费，当年欠费部分的每日按欠交额的 2‰、跨年度欠费部分的每日按欠交额的 3‰计付。

（2）用电人擅自改变用电类别或在电价低的供电线路上，擅自接用电价高的用电设备的，按差额电费的两倍计付违约金，差额电费按实际违约使用日期计算；违约使用起讫日难以确定的，按三个月计算。

（3）擅自迁移、更动或操作用电计量装置、电力负荷管理装置、擅自操作供电企业的供电设施以及约定由供电人调度的受电设备的，按每次 5000 元计付违约金。

（4）擅自引入、供出电源或者将自备电源和其他电源私自并网的，按引入、供出或

并网电源容量的每千伏安500元计付违约金。

（5）用电人擅自在供电人供电设施上接线用电、绕越用电计量装置用电、伪造或开启已加封的用电计量装置用电，损坏用电计量装置、使用电计量装置不准或失效的，按补交电费的3倍计付违约金。少计电量时间无法查明时，按180天计算。日使用时间按小时计算，其中，电力用户按12h/日计算，照明用户按6h/日计算。

15.5 用电人违约责任因以下原因而免除。

（1）不可抗力。

（2）法律、法规及规章规定的免责情形。

16. 合同的生效、转让及变更

16.1 合同生效

（1）用电人受电装置已验收合格，业务相关费用已结清且本合同和有关协议均已签订后，供电人应即依本合同向用电人供电。

（2）本合同经双方签署并加盖公章或合同专用章后成立。合同有效期为 5 年，自 2015年3月28日 起至 2020年3月27日 止。合同有效期届满，双方均未提出书面异议的，继续履行，有效期按本合同有效期限重复续展。

（3）对合同有异议的，应在本合同约定的期限或续展期限届满日之前30天向对方提出书面意见，经协商，双方达成一致，重新签订供用电合同；双方不能达成一致，在双方对供用电事宜达成新的书面协议前，本合同继续有效。

16.2 合同转让

未经对方同意，任何一方不得将本合同项下的权利和义务转让给第三方。

16.3 合同变更

合同如需变更，双方协商一致后签订《合同事项变更确认书》（本合同附件三）。

17. 争议解决

17.1 双方发生争议时，应本着诚实信用原则，通过友好协商解决。

17.2 若争议经协商仍无法解决的，按以下第 （1） 种方式处理：

（1）仲裁：提交 当地人民法院 仲裁，按照申请仲裁时该仲裁机构有效的仲裁规则进行仲裁。仲裁裁决是终局的，对双方均有约束力。

（2）诉讼：向 / 所在地人民法院提起诉讼。

17.3 在争议解决期间，合同中未涉及争议部分的条款仍须履行。

18. 通信

18.1 供电人用电业务联系电话为区号 -××××××××。

18.2 用电人联系电话

（1）用电业务联系人 王×× ，电话 1879909×××× ，调度电话 ××××××××；

（2）电气联系人 王×× ，电话 1879909×××× ；

（3）财务联系人 王×× ，电话 1879909×××× 。

19. 附则

19.1 本合同正本一式 2 份，供电人执 1 份，用电人执 1 份，具有同等法律效力。

合同签署前，双方按供用电业务流程所形成的申请、批复等书面资料，为合同附件，与合同正文具有同等效力。

本合同附件包括：

（1）附件1：术语定义。

（2）附件2：供电接线及产权分界示意图。

（3）附件3：合同事项变更确认书。

19.2 双方是在完全清楚、自愿的基础上签订本合同。

20. 特别约定

本特别约定是合同各方经协商后对合同其他条款的修改或补充，如有不一致，以特别约定为准。

（以下无正文）

签 署 页

供电人：（盖章）	用电人：（盖章）
国网××省电力公司××供电公司客户服务中心	美佳乐旅馆
法定代表人（负责人）或	法定代表人（负责人）或
授权代表（签字）：盛××	授权代表（签字）：王××
签订日期：2015年3月28日	签订日期：2015年3月28日
地址：××省××市共青路1号	地址：××省××市祥和路76号
邮编：432007	邮编：432007
联系人：盛××	联系人：王××
电话：1359807××××	电话：1879909××××
传真：区号-××××××××	传真：区号-××××××××
开户银行：建行三岔路支行	开户银行：中行白云分理处
账号：18198765×××××	账号：4397657×××××
税号：425679654×××××	税号：2467655×××××

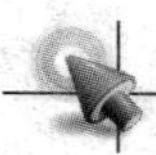

附件 1

术 语 定 义

（1）用电地址：用电人受电设施的地理位置及用电地点。

（2）用电容量：又称协议容量，用电人申请、并经供电人核准使用电力的最大功率或视在功率。

（3）供电质量：指供电电压、频率和波形。

（4）谐波源负荷：指用电人向公共电网注入谐波电流或在公共电网中产生谐波电压的电气设备。

（5）冲击负荷：指用电人用电过程中周期性或非周期性地从电网中取用快速变动功率的负荷。

（6）非对称负荷：因三相负荷不平衡引起电力系统公共连接点正常三相电压补平衡度发生变化的负荷。

（7）计划检修：按照年度、月度检修计划实施的设备检修。

（8）临时检修：供电设备障碍、改造等原因引起的非计划、临时性停电（检修）。

（9）紧急避险：指电网发生事故或者发电、供电设备发生重大事故；电网频率或电压超出规定范围、输变电设备负载超过规定值、主干线路功率值超出规定的稳定限额以及其他威胁电网安全运行，有可能破坏电网稳定，导致电网瓦解以至大面积停电等运行情况时，供电人采取的避险措施。

（10）不可抗力，指不能预见、不能避免并不能克服的客观情况。

（11）逾期：指超过双方约定的交纳电费的截止日的第二天算起，不含截止日。

（12）重要用户：指有重要负荷的用户。重要负荷的定义参见国家（GB 50052—1995）《供配电系统设计规范》。

附件 2

供电接线及产权分界示意图

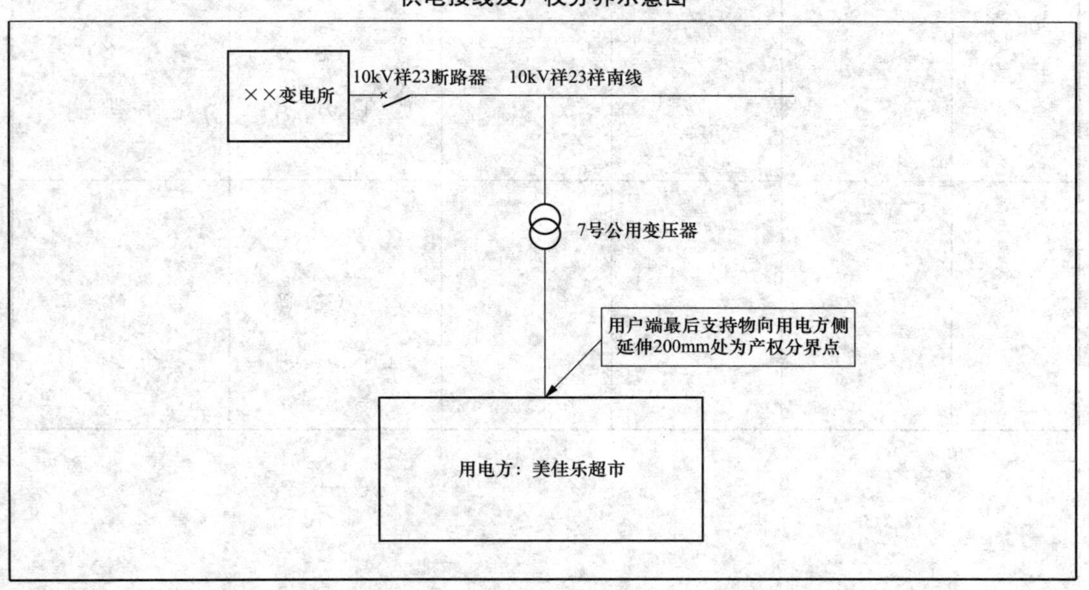

附件 3

合同事项变更确认书

序号	变更事项	变更前约定	变更后约定	供电人确认	用电人确认
1				（签）章 __年__月__日	（签）章 __年__月__日
2				（签）章 __年__月__日	（签）章 __年__月__日
3				（签）章 __年__月__日	（签）章 __年__月__日
4				（签）章 __年__月__日	（签）章 __年__月__日
5				（签）章 __年__月__日	（签）章 __年__月__日

附录 B

高压供用电合同

合同编号：66××××359
供 电 人：国网××省电力公司××供电公司客户服务中心
用 电 人：××市排水管理处
签订日期：2015 年 4 月 9 日
签订地点：××省××市

目　录

为明确供电人和用电人在电力供应与使用中的权利和义务，安全、经济、合理、有序供电和用电，根据《中华人民共和国合同法》、《中华人民共和国电力法》、《电力监管条例》、《电力供应与使用条例》、《供电监管办法》、《供电营业规则》等有关法律、法规、行政规章以及国家和电力行业相关标准，经双方协商一致，订立本合同。

第一章　供用电基本情况

1. 用电地址

用电人用电地址位于：__××市海子湖路东侧__。

2. 用电性质

2.1 行业分类：__排水排涝__。

2.2 用电分类：__一般工商业及其他（非工业）__。

2.3 负荷特性：

（1）负荷性质：__一般负荷__。

（2）负荷时间特性：__间断负荷__。

3. 用电容量

用电人共有__1__个受电点，用电容量__800__kVA，自备发电容量__/__kVA。

__主供电源__受电点有受电变压器__1__台。其中，__800__kVA 变压器__1__台，__/__kVA 变压器__/__台，共计__800__kVA。运行方式为__单台运行__，__/__台容量为__/__kVA 的受电变压器为__/__（冷/热）备用状态。

4. 供电方式

4.1 供电方式。供电人向用电人提供单电源、单回路三相交流 50Hz 电源。

电源性质：主供

供电人由__110kV××__变电所，以__10__kV 电压，经出口__西 56__断路器送出的__郢北线 28+1 号杆架空线__公用线路，向用电人__主供电源__高压配电室__/__kV __/__断路器受电点供电，供电容量 800kVA。

4.2 供电人在不影响用电人正常用电的情况下，有权自行调整供电方式。

5. 自备应急电源及非电保安措施

用电人自行采取下列电或非电保安措施，确保电网意外断电不影响用电安全：

5.1 自备应急电源。用电人自备下列电源作为保安负荷的应急电源：

（1）用电人自备发电机__/__kVA。

（2）不间断电源（UPS/EPS）__/__kVA。

（3）自备应急电源与电网电源之间装设可靠的电气/机械闭锁装置。

5.2 用电人按照行业性质应当采取以下非电保安措施。

（1）__________/__________；

（2）__________/__________；

（3）__________/__________。

6. 无功补偿及功率因数

用电人无功补偿装置总容量为__240__kvar，功率因数在电网高峰时段应达值最低为__0.95__。

7. 产权分界点及责任划分

7.1 供用电设施产权分界点为：

110kV 西区变电所 10kV 西 56 断路器郢北线 28+1# 杆 T 接的高压隔离刀闸及断路器向供电人延伸 200mm 处，高压隔离刀闸及断路器产权属用电人，操作权属供电人（见附件 2 之附图）；

供用电设施产权分界点以文字和《供电接线及产权分界示意图》（附件 2）附图表述，如二者不一致，以本条文字描述为准。

7.2 供用电设施的运行维护管理及责任认定按以下方式确定：双方依本合同 7.1 条约定的分界点电源侧产权属供电人，分界点负荷侧产权属用电人。双方各自承担其产权范围内供用电设施的运行维护管理责任，并承担各自产权范围内供用电设施上发生事故等引起的法律责任。

8. 用电计量

8.1 计量点设置及计量方式。主供电源计量点：计量装置装设在 用电人高压配电室多功能计量柜 处，记录数据作为用电人 一般工商业及其他（非工业） 用电量的计量依据，计量方式为 高供高计 。

8.2 用电计量装置安装位置与产权分界点不一致时，以下损耗（包括有功和无功损耗）由产权所有人负担。

（1）变压器损耗（按 / 计算）。

（2）线路损耗按 3% 计算。

上述损耗的电量按各分类电量占抄见总电量的比例分摊。

8.3 未分别计量的电量认定。 主供电源计量点 计量装置计量的电量包含多种电价类别的电量，对 / 电价类别的用电量，每月按以下第 / 种方式确定：

（1） / 电量定比为： / %；

（2） / 电量定量为： / kWh。

以上方式及核定值各方每年至少可以提出重新核定一次，对方不得拒绝。

计量点计量装置如下：

计量点	计量设备名称	厂家	型号	出厂编号	精度	计算倍率	备注
主供电源计量计费点	三相三线多功能电能表	长沙威胜	DSZ331	0001767755	0.5S		主表
		深圳浩宁达	/	/	/	/	副表
	电流互感器	大连北方	LFZZJ-10	A：0000271787 C：0000271792	0.2S	50/5A	
	电压互感器	大连北方	JDZ10-10C3	A：0000101818 C：0000101806	0.2	10000/100V	
	用电负荷采集终端		/	/			

9. 电量的抄录和计算

9.1 抄表周期为 日历月 ，抄表例日为 每月 16 日。供电人可以单方调整抄表周期和抄表例日，但须通知用电人。

9.2 抄表方式：用电信息采集装置自动抄录方式。

9.3 结算依据。供用电双方以抄录数据作为电度电费的结算依据。以用电信息采集装置自动抄录的数据作为电度电费结算依据的，当装置发生故障时，以供电人人工抄录数据作为结算依据。

9.4 用电人的无功用电量为正反向无功电量绝对值的总量。

10. 计量失准及异议处理规则

10.1 一方认为用电计量装置失准，有权提出校验请求，对方不得拒绝。校验应由有资质的计量检定机构实施。如校验结论为合格，检测费用由提出请求方承担；如不合格，由表计提供方承担，但能证明因对方使用、管理不善的除外。

用电人在申请验表期间，其电费仍应按期交纳，验表结果确认后，再行退、补电费。

10.2 由于以下情形导致计量记录不准时，按如下约定退、补相应电量的电费：

（1）互感器或电能表误差超出允许范围时，以“0”误差为基准，按验证后的误差值确定退补电量。退、补时间从上次校验或换装后投入之日起至误差更正之日止的1/2时间计算。

（2）计量回路连接线的电压降超出允许范围时，以允许电压降为基准，按验证后实际值与允许值之差确定补收电量。补收时间从连接线投入或负荷增加之日起至电压降更正之日止。

（3）其他非人为原因致使计量记录不准时，以用电人正常月份用电量为基准退、补电量，退、补时间按抄表记录确定。

发生以上情形，退补期间，用电人先按抄见电量如期交纳电费，误差确定后，再行退补。

10.3 由于以下原因导致电能计量或计算出现差错时，按如下约定退、补相应电量的电费：

（1）计费计量装置接线错误的，以其实际记录的电量为基数，按正确与错误接线的差额率退、补电量，退、补时间从上次校验或换装投入之日起至接线错误更正之日止。

（2）电压互感器保险熔断的，按规定计算方法计算值补收相应电量的电费；无法计算的，以用电人正常月份用电量为基准，按正常月与故障月的差额补收相应电量的电费，补收时间按抄表记录或按失压自动记录仪记录确定。

（3）计算电量的计费倍率或铭牌倍率与实际不符的，以实际倍率为基准，按正确与错误倍率的差值退、补电量，退、补时间以抄表记录为准确定。

发生如上情形，退、补电量未正式确定前，用电人先按正常月用电量交付电费。

10.4 主、副电能表所计电量有差值时，按以下原则处理：

（1）主、副电能表所计电量之差与主表所计电量的相对误差小于电能表准确等级值的1.5倍时，以主电能表所计电量作为贸易结算的电量。

（2）主、副电能表所计电量之差与主表所计电量的相对误差大于电能表准确等级值的1.5倍时，对主、副电能表进行现场校验，主电能表不超差，以其所计电量为准；主电能表超差而副电能表不超差，以副电能表所计电量为准；主、副电能表均超差，以主

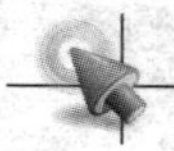

电能表的误差计算退、补电量。并及时更换超差表计。

10.5 抄表记录和失压、断流自动记录、用电信息采集等装置记录的数据作为双方处理有关计量争议的依据。

10.6 按确定的退、补电量和误差期间的电价标准计算退、补电费。

11. 电价、电费

11.1 电价。供电人根据用电计量装置的记录和政府主管部门批准的电价（包括国家规定的随电价征收的有关费用），与用电人按本合同约定时间和方式结算电费。在合同有效期内，如发生电价和其他收费项目费率调整，按政府有关电价调整文件执行。

11.2 电费

（1）电度电费。按用电人各用电类别结算电量乘以对应的电度电价。

（2）基本电费。用电人的基本电费选择按 / （变压器容量/最大需量）方式计算，一个日历年为一个选择周期。按变压器容量计收基本电费的，基本电费计算容量为 / kVA（含不通过变压器供电的高压电动机）。

按最大需量计算的，按照双方协议确定最大需量核定值 / 千伏安，该数值不得低于用电人受电变压器总容量（含不通过变压器供电的高压电动机）的40%，并不得高于其供电总容量（两路及以上进线的用户应分别确定最大需量值）。实际最大需量在核定值的105%及以下的，按核定值计算；实际最大需量超过核定值105%的，超过部分的基本电费加一倍收取。用电人可根据用电需求情况，提前半月申请变更下月的合同最大需量，但前后两次变更申请的间隔不得少于六个月。

基本电费按月计收，对新装、增容、变更和终止用电当月基本电费按实际用电天数计收（不足24h的按1天计算），每日按全月基本电费的三十分之一计算。

用电人减容、暂停和恢复用电按《供电营业规则》有关规定办理。事故停电、检修停电、计划限电不扣减基本电费。

（3）功率因数调整电费。根据国家《功率因数调整电费办法》的规定，功率因数调整电费的考核标准为 0.85 ，相关电费计算按规定执行。

（4）用户自备电厂的系统备用容量费、自发自用电量收费按国家政策规定执行。

12. 电费支付及结算

12.1 双方同意采用以下第（1）种方式：每月一次性结清全部电费，支付时间为用电当月 28 日前。支付方式为 银行转账 。

12.2 若遇电费争议，用电人应先按供电人所抄见的电量、电力计算的电费金额结算，按时足额交付电费，待争议解决后，双方据实退、补。

第二章　双方的义务

第一节　供电人义务

13. 电能质量

13.1 在电力系统处于正常运行状况下，供到用电人受电点的电能质量应符合国家规定标准。

13.2 因下列用电人原因导致供电人未能履行电能质量保证义务的，则对用电人的该部分损失，供电人不承担赔偿责任。

（1）用电人违反本合同无功补偿保证。

（2）因用电人用电设施产生谐波、冲击负荷等影响电能质量或者干扰电力系统安全运行的。

（3）用电人不采取措施或者采取措施不力，功率因数达不到国家标准或产生的谐波、冲击负荷仍超过国家标准的。

（4）其他用电人原因导致供电人未能履行电能保证义务的。

14. 连续供电

14.1 在发供电系统正常情况下，供电人连续向用电人供电。

14.2 发生如下情形之一的，供电人可中止供电：

（1）供电设施计划或临时检修的。

（2）用电人危害供用电安全，扰乱供用电秩序，拒绝检查的。

（3）用电人逾期未交电费，经供电人催交仍未交付的。

（4）用电人受电装置经检验不合格，在指定期间未改善的。

（5）用电人注入电网的谐波电流超过标准，以及冲击负荷、非对称负荷等对电网电能质量产生干扰和妨碍，严重影响、威胁电网安全，拒不按期采取有效措施进行治理改善的。

（6）用电人拒不在限期内拆除私增用电容量的。

（7）用电人拒不在限期内交付违约用电引起的费用的。

（8）用电人违反安全用电、有序用电有关规定，拒不改正的。

（9）发生不可抗力或紧急避险的。

（10）用电人实施本合同第 31 条行为的。

（11）用电人装有预购电装置、限流开关、负荷控制装置的，在预购电量使用完毕、用户超容量用电或超负荷用电时自动停电的。

（12）供电人执行政府机关或授权机构依法做出的停电指令的。

（13）因电力供需紧张等原因需要停电、限电的。

（14）法律、法规和规章规定的其他情形。

15. 中止供电程序

15.1 因故需要中止供电的，按如下程序进行。

（1）供电设施计划检修需要中止供电的，供电人应当提前 7 日公告停电区域、停电线路、停电时间，并通知重要电力用户等级的用电人。

（2）供电设施临时检修需要中止供电的，供电人应当提前 24h 公告停电区域、停电线路、停电时间，并通知重要电力用户等级的用电人。

15.2 发生以下情形之一的，供电人可当即中止供电。

（1）发生不可抗力或紧急避险。

（2）用电人实施本合同第 31.6 条至 31.11 条行为的。

15.3 因执行政府机关或授权机构依法做出的停电指令而中止供电的，供电人应按照指令的要求中止供电。

15.4 除以上中止供电情形外，需对用电人中止供电时，按如下程序进行。

（1）停电前3～7天内，将停电通知书送达用电人，对重要用电人的停电，同时将停电通知书报送同级电力管理部门。

（2）停电前30min，将停电时间再通知用电人一次。

15.5 引起中止供电或限电的原因消除后，供电人应在三日内恢复供电。不能在三日内恢复供电的，应向用电人说明原因。

16. 越界操作

16.1 供电人不得擅自操作用电人产权范围内的电力设施，但下列情况除外：

（1）可能危及电网和用电安全。

（2）可能造成人身伤亡或重大设备损坏。

（3）供电人依法或依合同约定实施停电。

16.2 供电人实施前款行为时，应遵循合理、善意的原则，并及时告知用电人，最大限度减少损失发生。

17. 禁止行为

17.1 故意使用电计量装置计量错误。

17.2 随电费收取其他不合理费用。

18. 事故抢修

因自然灾害等原因断电的，应按国家有关规定及时对产权所属的供电设施进行抢修。

19. 信息提供

19.1 为用电人交费和查询提供方便。

19.2 免费为用电人提供电能表示数、负荷、电量及电费等信息。

19.3 及时公布电价调整信息。

20. 信息保密

对确因供电需要而掌握的用电人商业秘密，不得公开或泄露。用电人需要保守的商业秘密范围由其另行书面向供电人提出，双方协商确定。

第二节　用电人义务

21. 交付电费

21.1 用电人应按照本合同约定方式、期限及时交付电费。

21.2 用电人将用电地址内的房屋、场地出租、出借或以其他方式给他人使用的，用电人仍需承担交纳电费的义务。

22. 保安措施

用电人保证电或非电保安措施有效，以满足安全需要，防止人身和财产等事故发生。

23. 受电设施合格

用电人保证受电设施及多路电源的联络、闭锁装置始终处于合格、安全状态，并按照国家或电力行业电气运行规程定期进行安全检查和预防性试验，及时消除安全隐患。

24. 受电设施及自备应急电源管理

24.1 用电人电气运行维护人员应持有电力监管部门颁发的《电工进网作业许可

证》，方可上岗作业。

24.2 用电人应对受电设施进行维护、管理，并负责保护供电人安装在用电人处的用电计量与用电信息采集等装置安全、完好，如有异常，应及时通知供电人。

24.3 用电人应自备电源作为保安负荷的应急电源，配置容量应达到保安负荷的120%；用电人在使用自备应急电源过程中应避免如下情况：

（1）自行变更自备应急电源接线方式。

（2）自行拆除自备应急电源的闭锁装置或使其失效。

（3）其他可能发生自备应急电源向电网倒送电的。

25. 保护的整定与配合

用电人受电装置的保护方式应当与供电人电网的保护方式相互配合，并按照电力行业有关标准或规程进行整定和检验，用电人不得擅自变动。

26. 无功补偿保证

用电人按无功电力就地平衡的原则，合理装设和投切无功补偿装置，保证相关数值符合国家相关规定。

27. 电能质量共担

27.1 用电人应采取积极有效的技术措施对影响电能质量的因素实施有效治理，确保将其控制在国家规定电能质量指标限值范围内。如用电人行为影响电网供电质量，威胁电网安全，供电人有权要求用电人限期整改，并在必要时采取有效措施解除对电网安全的上述威胁，用电人应给予充分必要的配合。

27.2 用电人对电能质量的要求高于国家相关标准的，应自行采取必要技术措施。

28. 有关事项的通知

如有以下事项发生，用电人应及时通知供电人：

（1）用电人发生重大用电安全事故及人身触电事故。

（2）电能质量存在异常。

（3）电能计量装置计量异常、失压断流记录装置的记录结果发生改变、用电信息采集装置运行异常。

（4）用电人拟对受电装置进行改造或扩建、用电负荷发生重大变化、重要受电设施检修安排以及受电设施运行异常。

（5）用电人拟作资产抵押、重组、转让、经营方式调整、名称变化、发生重大诉讼、仲裁等，可能对本合同履行产生重大影响的。

（6）行业类别或负荷特性发生改变。

（7）用电人其他可能对本合同履行产生重大影响的情况。

29. 配合事项

29.1 用电人应配合做好需求侧管理，落实国家能源方针政策。

29.2 供电人依法进行用电检查，用电人应提供必要方便，并根据检查需要，向供电人提供相应真实资料。

29.3 供电人依本合同实施停、限电时，用电人应及时减少、调整或停止用电。

29.4 用电计量装置的安装、移动、更换、校验、拆除、加封、启封由供电人负责，

用电人应提供必要的方便和配合；安装在用电人处的用电计量装置由用电人妥善保管，如有异常，应及时通知供电人。

30. 越界操作

用电人不得擅自操作供电人产权范围内的电力设施，但遇下列情形除外：

（1）可能危及电网和用电安全。

（2）可能造成人身伤亡或重大设备损坏。

31. 禁止行为

31.1 在电价低的供电线路上，擅自接用电价高的用电设备或私自改变用电类别。

31.2 私自超过合同约定容量用电。

31.3 擅自使用已在供电人处办理暂停手续的电力设备或启用已封存电力设备。

31.4 私自迁移、更动和擅自操作供电人的用电计量装置。

31.5 擅自引入（供出）电源或将自备应急电源和其他电源并网。

31.6 在供电人的供电设施上，擅自接线用电。

31.7 绕越供电人用电计量装置用电。

31.8 伪造或者开启供电人加封的用电计量装置封印用电。

31.9 损坏供电人用电计量装置。

31.10 使供电人用电计量装置失准或者失效。

31.11 采取其他方法导致不计量或少计量。

32. 减少损失

32.1 当发生供电质量下降或停电等情形时，用电人应采取合理、可行措施，尽量减少由此导致的损失。

32.2 当供电人依本合同约定或法律规定实施停、限电或复电时，用电人应根据供电人通知的停、复电时间预先做好准备，以防止人身或财产损害等事故发生。

第三章　合同变更、转让和终止

33. 合同变更

合同履行中发生下列情形，供用电双方应协商修改合同相关条款：

（1）改变供电方式。

（2）增加或减少受电点、计量点。

（3）增加或减少用电容量。

（4）电费计算方式变更。

（5）用电人对供电质量提出特别要求。

（6）产权分界点调整。

（7）违约责任的调整。

（8）由于供电能力变化或国家对电力供应与使用管理的政策调整，使订立合同时的依据被修改或取消。

（9）其他需要变更合同的情形。

34. 合同变更程序

合同如需变更，按以下程序进行：

（1）一方提出合同变更请求，双方协商达成一致。

（2）双方签订《合同事项变更确认书》（本合同附件四）。

35. 合同转让

未经对方同意，任何一方不得将本合同项下权利和义务转让给第三方。

36. 合同终止

36.1 合同因如下情形终止：

（1）用电人主体资格丧失或依法宣告破产。

（2）供电人主体资格丧失或依法宣告破产。

（3）合同依法或依协议解除。

（4）合同有效期届满，双方未就合同继续履行达成有效协议。

36.2 合同终止，不影响合同既有债权、债务的依法处理。

36.3 合同终止后，供用电双方应相互配合，解除双方设施的物理连接，如用电人不予配合的，在保证安全的前提下，供电人有权操作或更动有关供电设施，单方解除双方设施的物理连接。

第四章　违约责任

37. 供电人的违约责任

37.1 供电人违反本合同约定，应当按照国家、电力行业标准或本合同约定予以改正，继续履行。

37.2 供电人违反本合同电能质量义务给用电人造成损失的，应赔偿用电人实际损失，最高赔偿限额为用电人在电能质量不合格的时间段内实际用电量和对应时段的平均电价乘积的20%。但因用电人原因导致供电人未能履行电能质量保证义务的，则对用电人的该部分损失，供电人不承担赔偿责任。

37.3 供电人违反本合同约定中止供电给用电人造成损失的，应赔偿用电人实际损失，最高赔偿限额为用电人在中止供电时间内可能用电量电度电费的5倍。

前款所称的可能用电量，按照停电前用电人在上月与停电时间对等的同一时间段的平均用电量乘以停电小时求得。

37.4 供电人未履行抢修义务而导致用电人损失扩大的，对扩大损失部分按本条第37.3条的原则给予赔偿。

37.5 供电人故意使用电计量装置计量错误，造成用电人损失的，供电人应退还用电人多交纳的电费。

37.6 供电人随电费收取其他不合理费用，造成用电人损失的，应退还用电人有关费用。

37.7 有如下情形之一的，供电人不承担违约责任：

（1）符合本合同第14条约定的连续供电的除外情形且供电人履行了必经程序的。

（2）电力运行事故引起开关跳闸，经自动重合闸装置重合成功的。

（3）多电源供电只停其中一路，其他电源仍可满足用电人用电需要的。

（4）用电人未按合同约定安装自备应急电源或采取非电保安措施，或者对自备应急电源和非电保安措施维护管理不当，导致损失扩大部分。

(5) 因用电人或第三人的过错行为所导致。

(6) 因用电人原因导致供电人未能履行电能质量保证义务的。

(7) 不可抗力。

(8) 法律、法规和规章规定的其他免责情形。

38. 用电人的违约责任

38.1 用电人违反本合同约定义务，应当按照国家、电力行业标准或本合同约定予以改正，并继续履行。用电人违约行为危及供电安全时，供电人可要求用电人立即改正，用电人拒不改正时，供电人可采用操作用电人设施等方式直接代替用电人改正，相关费用和损失由用电人承担。

38.2 由于用电人原因造成供电人对外供电停止或减少的，应当按供电人少供电量乘以上月份平均售电单价给予赔偿；其中，少供电量为停电时间上月份每小时平均供电量乘以停电小时。停电时间不足1h的按1h计算，超过1h的按实际停电时间计算。

38.3 因用电人过错给供电人或者其他用户造成财产损失的，用电人应当依法承担赔偿责任。本款责任不因第38.4条责任而免除。

38.4 用电人有以下违约行为的还应按合同约定向供电人支付违约金：

(1) 用电人违反本合同约定逾期交付电费，当年欠费部分的每日按欠交额的2‰、跨年度欠费部分的每日按欠交额的3‰计付。

(2) 用电人擅自改变用电类别或在电价低的供电线路上，擅自接用电价高的用电设备的，按差额电费的两倍计付违约金，差额电费按实际违约使用日期计算；违约使用起讫日难以确定的，按三个月计算。

(3) 擅自超过本合同约定容量用电的，属于两部制电价的用户，按3倍私增容量基本电费计付违约金；属单一制电价的用户，按擅自使用或启封设备容量50元/kVA支付违约金。

(4) 擅自使用已经办理暂停使用手续的电力设备，或启用已被封停的电力设备的，属于两部制电价的用户，按基本电费差额的两倍计付违约金；如属单一制电价的，按擅自使用或启封设备容量每次每千伏安30元支付违约金；启用私自增容被封存的设备，还应按38.4条第(3)款支付违约金。

(5) 擅自迁移、更动或操作用电计量装置、电力负荷管理装置、擅自操作供电企业的供电设施以及约定由供电人调度的受电设备的，按每次5000元计付违约金。

(6) 擅自引入、供出电源或者将自备电源和其他电源私自并网的，按引入、供出或并网电源容量的500元/kVA计付违约金。

(7) 擅自在供电人供电设施上接线用电、绕越用电计量装置用电、伪造或开启已加封的用电计量装置用电，损坏用电计量装置、使用电计量装置不准或失效的，按补交电费的3倍计付违约金。少计电量时间无法查明时，按180天计算。日使用时间按小时计算，其中，电力用户按12h/日计算，照明用户按6h/日计算。

38.5 用电人的违约责任因以下原因而免除：

(1) 不可抗力。

(2) 法律、法规及规章规定的免责情形。

第五章　附则

39. 供电时间

用电人受电装置已验收合格，业务相关费用已结清且本合同和有关协议均已签订后，供电人应即依本合同向用电人供电。

40. 合同效力

40.1 本合同经双方签署并加盖公章或合同专用章后成立。合同有效期为__3__年，自__2015 年 4 月 9 日__起至__2018 年 4 月 8 日__止。合同有效期届满，双方均未提出书面异议的，继续履行，有效期按本合同有效期限重复续展。

40.2 合同一方提出异议的，应在合同有效期届满的 30 天前提出，并按以下原则处理：

（1）一方提出异议，经协商，双方达成一致，重新签订供用电合同。在合同有效期届满后续签的书面合同签订前，本合同继续有效。

（2）一方提出异议，经协商，不能达成一致的，在双方对供用电事宜达成新的书面协议前，本合同继续有效。

41. 调度通信

41.1 按照双方签订的调度协议执行。

41.2 用电人联系电话。

（1）用电业务联系人__彭××__，电话__139××××8252__，调度电话__区号-×××××××__。

（2）电气联系人__彭××__，电话__139××××8252__。

（3）财务联系人__彭××__，电话__139××××8252__。

41.3 供电人联系电话为 95598。

42. 争议解决

42.1 双方发生争议时，应首先通过友好协商解决。协商不成的，可采取提请行政主管机关调解、向仲裁机构申请仲裁或者向有管辖权法院提起诉讼等方式予以解决。调解程序并非仲裁、诉讼的必经程序。

42.2 若争议经协商和（或）调解仍无法解决的，向__××省×××市（当地）__人民法院提起诉讼。

42.3 在争议解决期间，合同中未涉及争议部分的条款仍须履行。

43. 通知及同意

43.1 根据本合同规定发出的所有通知及同意，应按照下列地址、电子邮箱或传真号码送达相关方。有关通知及同意按下述规定予以具体确定：

（1）通过邮寄方式发送的，邮寄到相应地址之日为其有效送达之日。

（2）通过电子邮件形式发送的，由收件人收到之日为其有效送达之日。

（3）通过传真形式发送的，发出并收到发送成功确认函之日为其有效送达之日。

43.2 如果按照上述原则确定的有效送达日在收件人所在地不属于工作日的，则当地收讫日后的第一个工作日为该通知或同意的有效送达日。

43.3 任何一方均应按本合同约定，向另一方发出通知，变更其接收地址、电子邮箱或传真号码。

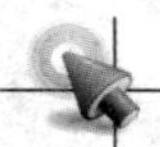

43.4 各方接收所有该等通知及同意的地址、传真号码和电子邮箱地址如下：

供电人地址：<u>×××省××市××区武德路76号</u>，传真：<u>区号-××××××</u>。

用电人地址：<u>×××省××市海子湖路东侧</u>，传真：<u>区号-××××××</u>。

44. 文本和附件

44.1 本合同一式<u>3</u>份，供电人持<u>2</u>份，用电人持<u>1</u>份，具有同等法律效力。

44.2 双方按供用电业务流程所形成的申请、批复等书面资料均作为本合同附件，与合同正文具有相同效力。

44.3 本合同附件包括：

（1）附件1：术语定义。

（2）附件2：供电接线及产权分界示意图。

（3）附件3：合同事项变更确认书。

（4）附件4：营业执照复印件。

（5）附件5：组织机构代码证复印件。

（6）附件6：税务登记证复印件。

（7）附件7：法人身份证复印件。

45. 提示和说明

45.1 用电人为政府机关、医疗、交通、通信、工矿企业，以及其他按照本合同第二条选择"重要负荷"、"连续性负荷"的，应当选择配备自备应急电源，并采取有效的非电保安措施，以保证供用电安全。

45.2 双方是在完全清楚、自愿的基础上签订本合同。

46. 特别约定

本特别约定是合同各方经协商后对合同其他条款的修改或补充，如有不一致，以特别约定为准。

46.1 日常工作中产生的经双方签字确认的调度协议、安全协议、业务工作单、设备异动单、供用电合同补充协议等作为合同另行存档附件与合同具有同等法律效力。

46.2 用电人受电设备、主要用电设备及主要用电用途等发生改变时应及时书面告知供电人。用电人因管理不善，在进行上述改变时引发的第三方安全事故和法律纠纷与供电人无关。

46.3 用电人变压器不得超载运行。如超载运行，供电人可根据鄂经电力［2009］224号文进行认定和处理。用电人不得拒绝。

46.4 在电力系统正常运行的情况下，供电人向用电人连续供电。但为了保障电力系统的公共安全和维护正常供用电秩序，供电人依法按规定事先通知的停电、按政府批准的有序用电人案限电等，用电人予以配合。实施有序用电期间，因用电人原因引起的超计划分配负荷用电的，其违约责任和损害责任由用电人负责。

46.5 如果国家政策和规定有变化，以新的规定为准。

（以下无正文）

签　署　页

供电人：国网××供电公司客户服务中心
（盖章）

法定代表人（负责人）或
授权代表（签字）：王××

签订日期：2015 年 4 月 8 日

地址：××省××市沙市区武德路 76 号

邮编：43××××

联系人：杨×

电话：××××-×××××××

传真：××××-×××××××

开户银行：农行××市三岔路支行白云桥分理处

账号：17-26××××40001672

税号：4210016826××××

用电人：××市排水管理处
（盖章）

法定代表人（负责人）或
授权代表（签字）：彭××

签订日期：2015 年 4 月 8 日

地址：××市海子湖路东侧

邮编：43××××

联系人：彭×

电话：139×××××52

传真：××××-×××××××

开户银行：建行××市桥头支行

账号：17-29××××40001672

税号：4270016826××××

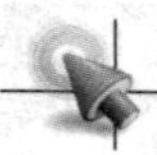

附件 1

术 语 定 义

（1）用电容量：指用电人申请、并经供电人核准使用电力的最大功率或视在功率。

（2）受电点：即用电人受电装置所处的位置。为接受供电网供给的电力，并能对电力进行有效变换、分配和控制的电气设备，如高压用户的一次变电所或变压器台、开关站，低压用户的配电室、配电屏等，都可称为用电人的受电装置。

（3）保安负荷：指重要电力用户用电设备中需要保证连续供电和不发生事故，具有特殊的用电时间、使用场合、目的和允许停电的时间等构成的重要电力负荷。

（4）电能质量：指供电电压、频率和波形。

（5）计量方式：计量电能的方式，一般分为高压侧计量和低压侧计量以及高压侧加低压侧混合计量等三种方式。

（6）计量点：指用于贸易结算的电能计量装置装设地点。

（7）计量装置：包括电能表、互感器、二次连接线、端子牌及计量箱柜。

（8）冷备用：需经供电人许可或启封，经操作后可接入电网的设备，本合同视为冷备用。

（9）热备用：不需经供电人许可，一经操作即可接入电网的设备，本合同视为热备用。

（10）谐波源负荷：指用电人向公共电网注入谐波电流或在公共电网中产生谐波电压的电气设备。

（11）冲击负荷：指用电人用电过程中周期性或非周期性地从电网中取用快速变动功率的负荷。

（12）非对称负荷：因三相负荷不平衡引起电力系统公共连接点正常三相电压补平衡度发生变化的负荷。

（13）自动重合闸装置重合成功：指供电线路事故跳闸时，电网自动重合闸装置在整定时间内自动合闸成功，或自动重合装置不动作及未安装自动重合装置时，在运行规程规定的时间内一次强送成功的。

（14）倍率：间接式计量电能表所配电流互感器、电压互感器变比及电能表自身倍率的乘积。

（15）线损：线路在传输电能时所发生的有功损耗、无功损耗。

（16）变损：变压器在运行过程中所产生的有功损耗和无功损耗。

（17）无功补偿：为提高功率因数、减少损耗、提高用户侧电压合格率而采取的技术措施。

（18）计划检修：供电人按照年度、月度检修计划实施的设备检修。

（19）临时检修：供电设备障碍、改造等原因引起的非计划、临时性停电（检修）。

（20）紧急避险：指电网发生事故或者发电、供电设备发生重大事故；电网频率或电压超出规定范围、输变电设备负载超过规定值、主干线路功率值超出规定的稳定限额以及其他威胁电网安全运行，有可能破坏电网稳定，导致电网瓦解以至大面积停电等运行情况时，供电人采取的避险措施。

（21）不可抗力，指不能预见、不能避免并不能克服的客观情况。包括火山爆发、龙卷风、海啸、暴风雪、泥石流、山体滑坡、水灾、火灾、来水达不到设计标准、超设计标准的地震、台风、雷电、雾闪等，以及核辐射、战争、瘟疫、骚乱等。

（22）逾期：指超过双方约定的交纳电费的截止日的第二天算起，不含截止日。

（23）受电设施：用电人用于接受供电企业供给的电能而建设的电气装置及相应的建筑物。

（24）国家标准：国家标准管理专门机关按法定程序颁发的标准。

（25）电力行业标准：国务院电力管理部门依法制定颁发的标准。

（26）基本电价：指按用户用电容量（或最大需量）计算电费的电价。

（27）电度电价：指按用户用电量计算电费的电价。

（28）两部制电价：同时执行基本电费和电度电价的电价。

（29）重要电力用户：指有重要负荷的用户。重要负荷的定义参见国家（GB 50052—1995）《供配电系统设计规范》。

附件 2

供电接线及产权分界示意图

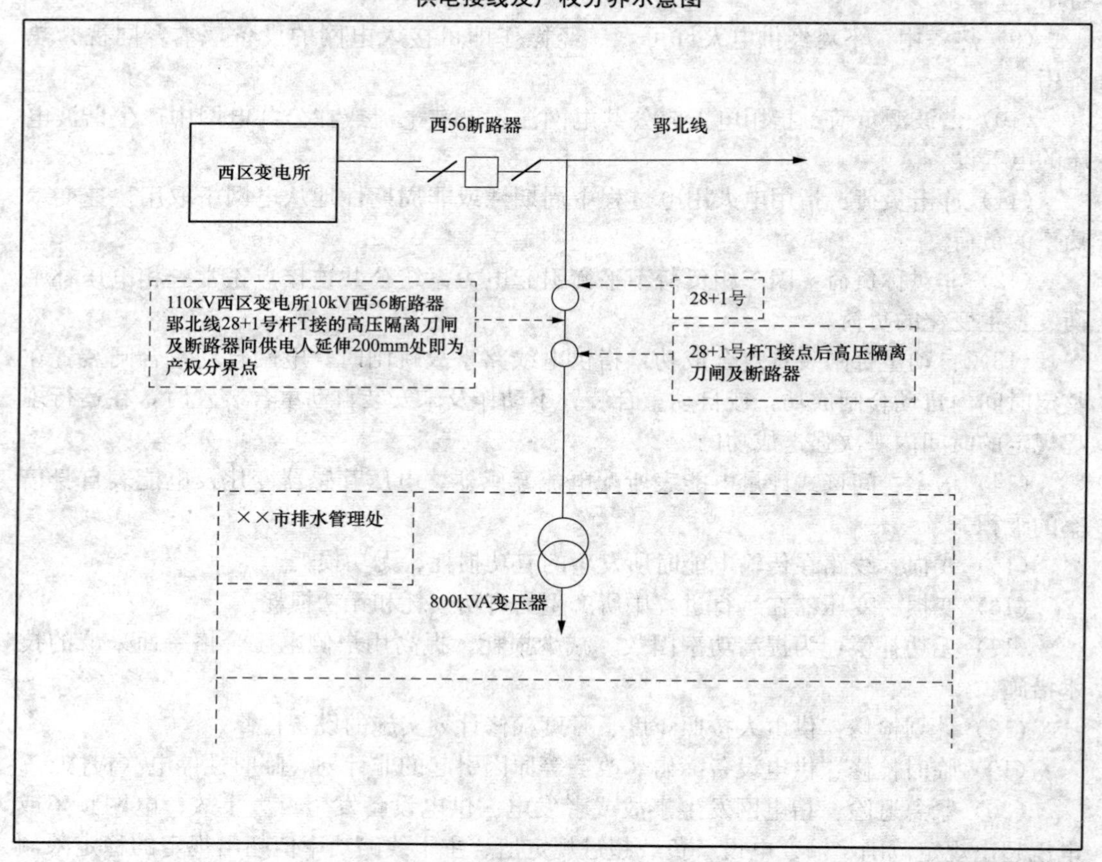

附件 3

电费结算协议

合同编号：

供电人：
地址：
用电人：
地址：

供用电双方就电费结算等事宜，经过协商一致，达成如下协议：

一、供电人按规定日期抄表，按期向用电人收取电费。

二、电费由用电人通过如下方式支付：

1. 银行直接支付。

供电人收款单位（全称）：
银行帐号：
开户银行：
用电人付款单位（全称）：
银行帐号：
开户银行：

2. 其他支付方式：______。

3. 双方约定：采用以下（ ）种方式交纳电费：

（1）供电人每月__日、__日、__日分三次向用电人收取电费（节假日顺延），其中，前两次分别按上月电费的⅓，最后一次按多退少补的原则结清当月全部电费。每次应付电费须在供电人电话或书面通知后三日内划出或支付。电费发票在用电人结清当月电费后____日内由供电人寄出。

（2）____

三、用电人未能按合同约定及时交付电费（包括未能按时交纳分次划拨电费），供电人按《高压供用电合同》38.4（1）款约定标准向用电人计收电费违约金。违约金自逾期之日起计算至交费之日止，逾期日期自用电人收到缴费通知后第____日起计算。

四、用电人不得以任何方式、任何理由拒付电费。用电人对用电计量、电费有异议时，先交清电费，然后双方协商解决。协商不成时，可请求电力管理部门调解。调解不成时，双方可根据《高压供用电合同》中约定方式解决争议。

五、供、用电双方如变更户名、银行帐号，应及时书面通知对方。如用电人未及时通知供电人，造成未按时交付电费时，供电人按本协议第三条处理。如由于供电人原因未及时通知用电人交付电费造成交费迟延，用电人不承担有关责任。

六、本协议自供电人、用电人签字或盖章，并加盖合同专用章或公章后成立。协议有效期为______年，自________起至__________止。协议有效期届满，双方均未提出书面异议的，继续履行，有效期按本协议有效期限重复续展。

七、本协议一式两份，作为《高压供用电合同》的附件。供电人、用电人各执一份，具有同等法律效力。

供电人：（公章）	用电人：（公章）
签约人：（盖章）	签约人：（盖章）
签约时间：　　年　　月　　日	签约时间：　　年　　月　　日

附件 4

合同事项变更确认书

序号	变更事项	变更前约定	变更后约定	供电人确认	用电人确认
1				（签）章 __年__月__日	（签）章 __年__月__日
2				（签）章 __年__月__日	（签）章 __年__月__日
3				（签）章 __年__月__日	（签）章 __年__月__日
4				（签）章 __年__月__日	（签）章 __年__月__日
5				（签）章 __年__月__日	（签）章 __年__月__日

参 考 文 献

[1] 张俊玲. 国网技术学院培训系列 教材业扩报装. 北京：中国电力出版社，2013.
[2] 贵州电网公司. 供电企业技能岗位培训教材 客户服务与业扩报装. 北京：中国电力出版社，2012.
[3] 王烨. 电力营销业扩报装工作实务. 北京：中国电力出版社，2014.
[4] 胡玉梅，赵志刚. 电力营销案例说法系列书 业扩报装法律常识与风险防范. 北京：中国电力出版社，2012.
[5] 李珞新，沈鸿. 供电优质服务. 北京：中国电力出版社，2011.